U0174798

本书是国家社科基金后期资助项目《怀特海过程哲学研究》（项目号：14FZX044）后续研究成果。

走向怀特海世纪

纪念怀特海《自然知识原理研究》出版一百周年

学术论文集

主编◎杨富斌　郭海鹏

上海三联书店

目 录

序言：走向怀特海世纪[①]

大卫·雷·格里芬(David Ray Griffin)[②]杨富斌译[③]

【编者按】 格里芬教授在这篇演讲中提出的几个重要论点，值得我们关注和思考：一是21世纪还远不是怀特海世纪，因为无论从社会现实中看，还是从学术界主流观点看，现代主义还牢固地占据主导地位，因而怀特海的过程思想还需要大力弘扬，以让实务界和学术界更多的人理解、接受和践行；二是现实的社会、政治、经济领域中不仅现代主义仍占主导地位，社会达尔文主义在国际关系领域也仍在贯彻实施，气候变暖和环境灾难的总趋势并未根本改变；三是在学术领域具有破坏性的现代主义虽然仍占主导地位，以怀特海哲学为基础的建设性后现代主义则在不断发展起来。在哲学中，一些重要哲学家开始拒斥休谟坚持的理论和实践具有不同预设的二元论，开始承认意志自由信念，反对宇宙是纯粹物理系统的观念；怀特海的广义经验论被一些重要哲学家所接受，认为

---

① 本文英文标题为 The Whitehead Century Revisited，原为大卫·雷·格里芬教授在2015年国际怀特海大会上的演讲，后发表于《过程研究》2015年春季/冬季第2期(总第44期)(*Process Studies*, Volume 44, Issue 2, Fall/Winter 2015)。因为其主题同本书内容相关，故作为本书序言放在这里。

② 本文作者是美国建设性后现代思想家大卫·雷·格里芬(David Ray Griffin)教授。其代表作有《复魅何须超自然主义》《别样的后现代主义》《后现代科学》《后现代精神》《新珍珠港事件》等。

③ 杨富斌(1958—)，河北省邯郸市人，哲学博士，原北京第二外国语学院法政学院教授，现为北京理工大学珠海学院特聘教授，主要研究方向：马克思主义哲学、现代西方哲学、怀特海过程哲学。

从人类一直到电子层次的具体存在都有经验、都能经验，即它们都是能动的主体，而不只是被动的、惰性的客体；身心问题是由笛卡尔以来的身心二元论和虚假的物质概念造成的；生物学认为低级生物可以组成更为复杂的生物，我们的肉体细胞是由细菌构成的，而且细胞也是有意识的，表现在它们能进行复杂的信息处理，这使怀特海提出的细胞有经验甚至有命题感受的观念成为主流科学的一部分。生化学家已证明水分子有记忆力，能储存信息。自然规律实际上不过是自然的习惯性行为而已。量子物理和相对论中所蕴含的哲学观点现在看来越来越同怀特海的观点相一致，例如怀特海不承认爱因斯坦所说的空间曲率，这在现在已得到科学证据的支持；怀特海坚持时间是实在的观点，也纠正了爱因斯坦关于承认“现在”无根据、时间是幻象，以及不存在真正的过去、现在和未来的区分的观点。而怀特海的这些正确主张对防止诸如气候变化等问题具有现实的哲学意义。怀特海以“误置具体性之谬误”深刻地批判了现代科学家把科学抽象等同于具体实在的错误观点。在宇宙论上，怀特海提出了时间是世界最实在的特征这一革命性的观点，这为说明生命的突现提供了宇宙论基础，纠正了现代宇宙论把生命归结为宇宙偶然的微调所造成的偶然论主张，这同霍金的宇宙论观点是基本一致的。同时怀特海坚持宇宙只有一个，不过宇宙有一个前后相继的系列，每个现实的当下宇宙会受到先前宇宙的影响，并从中继承了宇宙常数。怀特海主义在思想上的成功尤其明显地表现在欧洲和中国，除鲁汶大学早已以欧洲怀特海研究中心而著称以外，还有其他一些欧洲大学里的重要哲学家也在专门研究怀特海思想。而怀特海思想在中国的发展最为迅猛，由于建设性后现代主义的出现，中国学术界关于后现代主义的态度已经由一开始的普遍否定逐渐地转变为既有否定，也有肯定。建设性后现代主义在中国的影响并不限于哲学和科学领域，在教育、农业、生态学和经济学等方面，甚至在马克思主义和政府圈子里也成为有影响的学说，并成为中国走向生态文明的重要力量，成为生态文明的哲学基础之一。而值得商榷的观点是，格里芬认为怀特海的宇宙论是自然主义有神论，不承认这种有神论就不能说明宇宙或自然的规律性，这是我们中国马克思主义者难以简单苟同的。但我们也要了解，怀特海所讲的神并不是传统基督教所说的创世者，而是作为宇宙之总体性或统一性的力量，是这个世界的“诗人”，他以爱和劝导来诱导这个世界，而不是以强力来管控这个世界，这个思想类似于中国道家所说的道或天道。因此，从哲学理论上说，如何用宇宙本身的协同性而不是超自然力量的神来融贯地解释宇宙的演化及其规律，这是需要我们继续深入思考和探讨的哲学问题。

在 1998 年国际怀特海大会上，我做了一个演讲，题目是“斗胆：期待怀特海世纪”。在随后这些年形成一个神话，说我曾经预言了 21 世纪将是怀特海世纪。然而，我想要说的只是：“我们应当像我们期待 21 世纪仿佛是怀特海世纪那样去行动，至少在那个时代结束之时，21 世纪要成为怀特海世纪。”我曾经反复地试图说清楚我并未做任何预言，然而在最近一次学术会议上，有一位演讲者一开始就说道：“大卫·格里芬以其预言了 21 世纪将是怀特海世纪而著称于世。”

我想再次试图说明，我从未做任何这样的预言。但是，当我得到这次会议的议程时，我看到了我要讲的题目是“走向怀特海世纪”。

既然发现不可能消除这个神话，那我就决定不妨去拥抱它。因此我要说，根据我曾预言的本世纪将要被证明是怀特海世纪的假定，这个预言现在正在变得越来越接近于成为真实的了吗？

当然，说其“变得越来越接近”，这只是相对而言的。几年前，当安妮(Ann)和我在英格兰时，我们邂逅了一位先生，他曾担任过《伦敦星期日泰晤士报》的编辑。因为推断出现代科学世界观描绘了一个无意义的宇宙，他放弃了那个体面的职位。由于感到对有意义的世界观有强烈的需求，他加入了一个以印度为基础的运动，这个运动主张宇宙是循环的，每一个循环周期仅仅延续 4 万年。有一天，他兴奋地告诉我说，天体物理学家们虽然在过去曾宣称宇宙的年龄大约是 150 亿年，现在则确定宇宙实际上只有大约 140 亿年。由于我对他的兴奋不已颇感困惑，便回答说 4 万年和 140 亿年之间仍有巨大差异。“是的，”他说，“但是，它走的方向是正确的！”

我们现在究竟是不是更接近于怀特海世纪呢？如果我们观察一下我们在社会上和学术界离主流位置有多远，那我们就可以发现离它还非常远。例如：

一、社会、政治和经济界的状况

如今，在社会、政治和经济界，具有破坏性的现代主义仍然牢固地处在主宰地位之上。在国际关系领域里，正在贯彻实施的依然是社会达尔文主义，那些强大的国家仍然是在使用强制力来实现自己的目的。虽然冰川在融化，海平面在上升，干旱和森林大火与日俱增，然而化石燃料的使用实际上依然如故，继续在全速前进。并且，虽然比尔·麦吉本(Bill McKibben)和气候科学家们说，倘若文明想要幸存下来，就必须有所变化，大多数剩余下来的化石燃料必须仍然要在地下；然而，寻找新的石油和天然气存储量的活动却仍在继续，因为美国的"环境总统"允许美国石油公司在北极地区钻探。

二、学术界的状况

如果说统治世界的社会、政治和经济政策完全地反对怀特海世界观所隐含的观点，那么学术界的主流观点也是完全如此。在生物进化方面，新达尔文主义仍然是起支配作用的范式，而目的和进步观念则被排除掉了。在物理学领域，时间仍然被假定为从终极性上看是非实在的。在宇宙学中，大多数天体物理学家由于坚持宇宙开始于大爆炸，因而认为在这个事件之前时间并不存在。关于身心关系，机械世界观仍然在其中占主导地位，而真正的自由则被假定为是不可能的。

然而，虽然具有破坏性的现代主义仍然在学术界牢固地占据统治地位，有一些发展则在朝着怀特海后现代主义方向行进。

哲学领域

在哲学中，某些这类发展已经出现。

在理论和实践方面

有一个发展关系到休谟坚持的理论和实践之间的灾难性的二元论。根据这种二元论，我们在实践中必须预设各种我们不可能在理论上予以辩护的观念。为拒斥这种二元论，怀特海说：

“我们必须服从这些假定，它们尽管遭到批评，我们却依然要用它们来管理我们的生活。”

这个立场在历史上被称为“常识哲学”。

这种常识哲学迄今仍然遭到许多重要哲学家的拒斥。例如，根据加州大学伯克利分校约翰·塞尔(John Searle)的说法，“我们不可能抛弃意志自由的信念”，因为这个信念“已经嵌入每一个正常的、有意识的、刻意从事的行动之中”。然而，塞尔说，科学蕴含着“宇宙是纯粹的物理系统”的意思，它完全地是由“盲目的、无意义的物理粒子”构成的。因此，对自由的信念必定是幻想。

相比之下，有一些重要的哲学家则赞同日常哲学。于尔根·哈贝马斯(Jürgen Habermas)说，哲学必须避开或防范“规范性矛盾”，即做出某个陈述的行为与这个陈述的意义相矛盾。哈佛大学的希拉里·普特南(Hilary Putnam)——借鉴皮尔士、詹姆士和杜威的主张——拒斥如下观念，即“有一种高于实践的‘第一哲学’在我们需要做出选择时要最严肃地对待。根本不存在任何阿基米得点可使我们据以论证生活中绝对必要的东西(在哲学上是无效的)”。

意识领域

在那些仍然拒斥这种常识哲学进路的哲学家中，认为我们是纯粹的物理系统这种信念，有时会导致我们做出结论说意识是某种幻象或错觉。假定我们大脑中的神经元是纯粹的物质性的东西，没有经验，大多数主流哲学家会做出结论说，除了假定超自然的神以外，我们不可能理解意识何以能在大脑中突现。这些哲学家们，有一些人支持这种坚持消除观点的物质主义，根据这种学说，意识必须从我们的语言中消除，以便我们能有融贯一致的立场。

怀特海对这个问题的解决办法是主张泛经验论或广义经验论[①]——在传统上叫做“泛心论”——根据这一学说，经验是无所不在

① 译者认为，格里芬在这里使用的英文词“panexperientialism”，在汉语中最好译为“广义经验论”。因为“泛经验论”在汉语中似有贬义，虽然这个词在英语中似乎并没有贬义。故译之为比较中性的“广义经验论”似乎更符合作者的意思，也不至于被汉语读者先入为主地误解。

的。虽然这个观点早就受到拒斥，但是某些分析哲学家现在却仍然对它予以肯定。普林斯顿大学的托马斯·内格尔(Thomas Nagel)说，要理解我们是如何“从细菌祖先那里传下来的”，我们就必须把自然存在当作“自始至终不只是物质的东西”。内格尔甚至赞同怀特海的立场，根据这一立场，哲学家们不应当把“物理学的抽象等同于全部实在”，而是应当把“一直到电子层次的具体存在”当作经验。

采纳这一立场的另一位重要哲学家是盖伦·斯特劳森(Galen Strawson)，即著名英国哲学家P. F. 斯特劳森(P. F. Strawson)的儿子。盖伦·斯特劳森说，身心问题表面上的不可解决性，乃是由于虚假的物质概念造成的，根据这一概念，物质是没有经验特性的。

此外，内格尔和斯特劳森只是日益增加的采用这一立场的哲学家中的两位。根据维基百科全书，身心问题已“使得泛心论成为主流理论”。而且浏览一下互联网就会看到，“广义经验论”一词已成为越来越多的人所接受的概念。

随着这一立场的增长，哲学家们已不再感到，为了避开笛卡尔的身心二元论，他们必须否认自由和意识的实在性。

生物学领域

经验与细菌的决策

这个立场日益增长的部分原因是，如今生物学家支持它的主张。琳·马古利斯(Lynn Margulis)提出这样一个观念，即低级生物可以组成更为复杂的生物，而且她提出这个观念不是依赖于怀特海和哈茨肖恩的。由于称这个过程是“共生起源”，她表明，真核生物的细胞——构成我们的肉体的那一类细胞——是由原始的原核细胞即细菌的共生组合所造成的复合个体。虽然她的观念长期以来受到新达尔文主义者的嘲笑，但甚至是里查德·道金斯(Richard Dawkins)最终都称她的发现是“20世纪进化生物学的最大发现之一”。

马古利斯坚持我们的肉体细胞是由细菌组成的。这一学说的根据在于，她确信“意识是所有的活细胞的属性”，因而“细胞是有意识的”。虽然这个观念一度被认为是荒谬的，但是坚持细菌是有意识的这个观念如今却是生物学中的常识，因为这个观念已经被许多科学研究所确认。

马古利斯本人指出了这个观点对身心关系的重要性，她说，当我们明白了选择和敏感性在成为我们祖先的微生物细胞中就已经精致地发展起来时，人们的思想和行为就不会被描绘得那么神秘莫测了。

还有一位重要的生物学家承认细菌有经验和会决策，他就是芝加哥大学的微生物学家詹姆斯·夏皮罗(James Shapiro)。最近他出版了一部著作，书名叫《进化：21世纪观察》。“细胞能够进行很复杂的信息处理。”夏皮罗说。由于拒斥智能设计论，即由无所不能的创世者来设计的理论，以及拒斥进化没有任何智能指引的新达尔文观点，夏皮罗谈到了细胞智能。

因此，怀特海提出的细胞有经验并且甚至有命题感受的观念，已成为主流科学的一部分。

有一些生物化学家甚至把记忆力进一步往下推进。怀特海经过同意曾引述过哈佛大学生物化学家L. J. 亨德森(L. J. Henderson)的著作，称之为对自然秩序的任何讨论都是基本的。由于坚持认为宇宙是以生物为中心的或自然至上的，亨德森的主要注意力集中在水的特别属性方面。今天，许多国家的生物化学家都提供了证据证明，水分子有记忆力，它能储存信息。

作为习惯的自然规律

有一位名叫鲁珀特·谢尔德雷克(Rupert Sheldrake)的当代生物学家已成为明确的怀特海主义者。最近，他出版了一部非常受欢迎的著作——《获得自由的科学》。像怀特海一样，他使用“有机哲学”作为其自己立场的名称，指出“生物有机体的生命是在程度上而不是在种类上不同于诸如分子和晶体这样的物理系统”。他认可怀持海的陈述，即“**生物学是对大型有机体的研究，而物理学是对小型有机体的研究**”。由于把世界的成份描述为“经验的发生”，他说物理存在是事件，它们的出现要消耗时间，因此不存在“处于瞬间上的自然”。时间性因而过程性是自始至终的。

此外，谢尔德雷克自己的思想则主要地基于怀特海表达的观念，他追随皮尔士和詹姆士，认为所谓“自然规律”实际上是自然的习惯。

这些生物学家的著作，与哈贝马斯、普特南、内格尔和斯特劳斯相结合，表明了一场巨变正发生在哲学和生物学之中：机械论范式正在被新的科学范式所取代，这种新的科学范式建立在经验的实在性和自然界各个层次的自由之上。

进化论

当然，如果怀特海哲学能对进化被普遍接受提供说明，它就会对生物学做出最重要的贡献。虽然新达尔文主义仍然是学术圈子里占主导地位的进路，但由于各种原因，它如今已是问题重重，举步维艰。其中问题之一就是，它的无神论已导致对目的论的完全拒斥——这种拒斥引起了意义的丧失，根据这种观点，人类和其他哺乳动物有可能被认为并不高于细菌和蚊子。

许多人由于发现新达尔文主义就像智能设计论一样不能令人满意，因而希望找到"第三条道路"。托马斯·内格尔说："我拒斥超自然主义和新达尔文主义关于渐进变化的源泉所做的说明。"因为一种世界观要成为适当的，就必须包括"自然主义目的论"。而怀特海提供了这样的一种目的论。他曾指出："宇宙给人赋予了三重迫切的灵感：一是要活着；二是要生活得幸福；三是要生活得越来越好。"并且他还讲道："神的目的在于价值的达成。"

自然主义目的论的发展所面临的障碍一直是某种普遍的信念，即认为任何种类的有神论都将是超自然主义的。例如，哈佛大学的理查德·勒翁廷(Richard Lewontin)曾承认，在对进化论的各种说明中，有一些建立在物质主义无神论基础上的解释明显地是荒谬的。尽管如此，他说，科学家仍然必须紧紧抓住无神论，因为他们"不可能允许门轴放在神的基座上"。"诉诸无所不能的神"，勒翁廷说，"就是允许自然规律在任何时刻都有可能会断裂，而奇迹则有可能会发生。"

如果我们怀特海主义者能有力地指出怀特海的哲学以其自然主义有神论提供了融贯的"第三条道路"，我们就会处于对进化论提供更恰当说明的贡献立场上。

物理学

物理学是科学的另一分支，怀特海的思想在这里有能力克服各种矛盾和不足。

量子学说和相对论物理学

物理学中最经常讨论的矛盾是相对论和量子物理学之间的矛盾——事实上，它们在其现在的阐述上不可能都是真的。所以，从表面上看，不可能把引力与物理学中的其他基本力都统一起来。

怀特海清楚地相信，他自己的引力理论与他关于量子物理学的观点是相容的。这个信念不应当导致任何人赞成怀特海几乎在100年前在其论相对性的著作中所阐述的理论的所有部分。但是，的确值得看一下他的本体论，包括他对曲率不可能适用于空间的确信，是否能提供统一物理学的根据。在本次学术大会上，物理学家们在这个方向上已迈出了有意义的几步。如果这个努力最终被证明是成功的，那么，科学家和以科学为基础的哲学家们，就会坚定地探索怀特海的本体论能证明是有成果的其他方法。

时间和"现在"

由于追随爱因斯坦，大多数物理学家坚持认为，时间对物理学来说是对称的和可逆的，不可能为过去、现在和未来的区分提供根据，因此，谈论"现在"没有任何根据。这个观念使得物理学中的时间完全不同于人类经验中所认识的时间——这个观念导致许多人做出结论说，时间是幻象或者错觉：过去、现在和未来都是同时地共同存在的。这个时间是幻象的观念很容易导致如下结论：道德的努力，诸如防止破坏性的气候变化，是不重要的。

爱因斯坦本人曾被"这个现在问题"所困扰，正如他对这个问题所称呼的那样。而对"我们"来说，"现在的经验意味着某种东西……在本质上不同于过去和未来"这个区别，爱因斯坦说，"不可能出现在物理学中"。这个结论，鲁道夫·卡尔纳普(Rudolf Carnap)报告说，(对爱因斯坦)似乎是一件痛苦而又必然要顺从的事情。

怀特海除了提供了某种替代爱因斯坦相对论的理论以外，还提供了某种克服爱因斯坦的痛苦结论的方法。怀特海解释说，认为**时间对于物理学所研究的存在来说是不存在的**，这个观念乃是"误置具体性之谬误"的实例——所谓"误置具体性之谬误"就是把科学的抽象等同于我们称之为光子、电子和质子的具体存在。从怀特海的广义经验论视域看，结合其关于世界是由具有时间性的事件构成的学说，过去、未来和现在之间的区别对所有持久的个体来说都是实在的——正如质子和电子对细菌和人类是实在的一样。

由此，怀特海帮助了物理家，并且因此也帮助了一般的智力，克服了时间就像我们所经验到的那样是幻象的信念。

宇宙论

怀特海的《过程与实在》一书，副标题是“宇宙论研究”，所以，并不令人感到惊诧的是，宇宙论是物理学的一个分支，而怀特海的过程哲学则有可能改变人们在这个研究领域长期坚持的主导研究进路。

事实上，重要的突破已然发生。我是指 2015 年由哲学家罗伯托·昂格尔(Roberto Unger)和物理学家李·斯莫林(Lee Smolin)撰写的一本书，书名叫《单一宇宙与时间的实在性》。

与赫拉克利特、黑格尔、伯格森和怀特海引领的传统相一致，他们称自己的立场为“时间自然主义”(temporal naturalism)。除了确认“时间的根本的和包罗万象的实在性”以外，他们还称时间为“世界最实在的特征”。就其本身而论，“时间自始至终存在”，所以对物理学来说有某种“现在”。

昂格尔和斯莫林指出，这个论点是革命性的，因为它把时间是幻象，或者充其量是突现的实在这种观点完全颠倒过来了。昂格尔和斯莫林反其道而行之，称时间为“自然的唯一特征，具有绝对的非突现属性”。

由于时间是非突现的，因而时间并非开始于大爆炸。世界包括时间本身并不是突现在大爆炸之中的。相反，像怀特海一样，昂格尔和斯莫林坚持认为，我们的宇宙是以前的宇宙达到终点后形成的。虽然昂格尔和斯莫林的这部著作还存在一些问题，但是在本质上，这部著作中的观点是坚持以怀特海的立场来研究宇宙论的两位重要思想家的重要主张。昂格尔和斯莫林由此提供了一种自然主义宇宙论，以他们的语言“没有把人类的经验和愿望归结为幻象或错觉”。

宇宙论与自然神学

除了确认时间的实在性以外，昂格尔和斯莫林这部著作的标题指的是“单一宇宙”，因而回应了他们所说的宇宙学面临的最大危机。

这个危机源于发现我们的宇宙似乎是为了生命的诞生而经过微调的。也就是说，如果自然的基本变量，例如引力、电磁力、强力和弱力有轻微不同，就不可能有稳定的原子和分子，因而没有任何恒星能延续足够长的时间，以使得生命能突现出来。假定存在的这类变量有 30 个以上，它们中每一个变量都需要微调，以使得与它们中的其他变量相关联，那么其危机就在于对科学共同体可接受的这种微调并没有说明。

的确，许多思想家坚持认为，这种微调可由存在着无所不知的创世者来说明。甚至伟大的天体物理学家弗雷德·霍伊尔(Fred Hoyle)，这位长期对任何种类的有神论都怀有敌意的科学家，也做出推论说，宇宙必定是由“某种超级计算的智能”所创造的。然而，科学共同体一般地会阻止任何这样的说明，其根据是，自然科学不可能参考超自然的原因。

大多数天体物理学家如今坚持认为，我们只有一种选择，那就是我们的宇宙是由数以亿计的宇宙所构成的多元宇宙的一小部分。假定有如此之多的宇宙，他们说，其中之一注定会偶然地碰巧拥有生命突现所需要的一组变量。用史蒂芬·霍金(Stephen Hawking)的话说，“这种多元宇宙概念能说明物理规律的微调或有规则性，而同时又不需要仁慈的造物主为我们的利益而制造这个宇宙”。

像许多其他人一样，昂格尔和斯莫林对这种荒谬的多元宇宙论假设不予理睬，并称之为“本体论幻想”。他们还以这种假设极端不科学为由而拒斥它，因为没有任何办法来检验它。所以他们提出另一种说明，这种说明与在某个时间只有一个宇宙是一致的。像怀特海一样，他们提出存在着一系列宇宙或者宇宙系列，但是，他们也提出每一个宇宙都会受到先前宇宙的影响，并从中继承了那些常量。

然而，就其本身而言，他们的解决方案是不充分的。由于坚持任何事物都是暂时的，他们拒斥神的实在或永恒原则的实在性。结果，他们对常数的历史性说明具有无限回归的缺陷。此外，坚持我们的早期宇宙，在数百万年以来，没有任何周期性的现象，因而没有规律，那就会没有任何东西能被用来维持先前宇宙的规律和常数。

看来，我们的宇宙的偶然规律，由于它们的微调，若是没有某种形式的有神论，就不可能得以说明。当然，超自然主义有神论，由于它有万能的神，有可能会打断世界正常的因果关系，因而科学共同体有正当理由不接受它。但是，怀特海因为在《过程与实在》中支持某种很早版本的微调论，则根据他的自然主义有神论说明了自然界的偶然规律。

因此，宇宙论的发展可使我们到达一个关节点上，在这里我们能严肃地把怀特海主义的有神论当作理解这个宇宙最好的构架。当然我们需要向科学家和哲学家表明，有神论不涉及超自然主义也能得以说明。

三、欧洲与中国的情况

我将以多种方式来估计怀特海主义在思想上的成功：它在欧洲和中国的成长。

曾几何时，鲁汶(Louvain)是欧洲怀特海思想研究唯一地保存着有意义资源的地方。但是，部分是因为怀特海已被某些欧洲领军哲学家严肃地加以研究了，如今在好几所欧洲大学里，人们对怀特海思想在进行专门的研究。

但是，怀特海思想在中国的发展，其发展速度之快最为令人吃惊——在很大程度上，这种发展是在“建设性后现代主义”标题下进行的，并把怀特海与中国古典传统相结合。早在2002年，中国社会科学院就已出版一个报告说，由于建设性后现代主义的出现，“中国学术界关于后现代主义的态度已经由否定转变为肯定了”。

提倡建设性后现代主义的第一部著作，即讨论后现代科学的著作，是在1995年以汉语出版的。自那以后不久，各个大学便开始围绕这一主题组织学术研讨会，并且在1995年到2015年5月之间，研究怀特海和建设性后现代主义的30多部著作陆续出版，4800多篇论文先后发表。在谷歌上，中国几乎有两百万个有关怀特海和建设性后现代主义的条目，26所大学建立了同建设性后现代主义研究有关的研究中心。

建设性后现代主义在中国的影响绝不限于哲学和科学。它还成为许多领域中的力量，包括教育、经济学、生态学和农业。建设性后现代主义甚至成为马克思主义和政府圈子中具有影响力的学说，并且建设性后现代主义者对中国致力于走向生态文明之路成为中坚力量。一位中国学者说，以怀特海过程哲学为基础的建设性后现代主义乃是“生态文明的哲学基础”之一。

结论

总而言之，这个世纪迄今还远非怀特海世纪，然而它正在向正确的方向迈进。

当然，如果这个世纪有机会成为怀特海世纪，那么人类文明就需要缩减全球变暖，以使这个世纪能继续生存下去。我希望这一周以“走向生态文明”为主题的学术大会将会有助于在这个方向上改变世界。

第一章　怀特海自然哲学转向的动因及其意义[①]

杨富斌

作为数学家出身的怀特海，在其数学研究取得辉煌成就之际，为什么转向了自然哲学研究？这种转向对其思想发展有何意义？本章试图回答这两个问题，以期推进对怀特海早期自然哲学思想的理论研究，并揭示其对当代自然哲学或科学哲学研究的某些启示。

一、怀特海思想发展的三个时期

西方怀特海思想研究者通常认为，怀特海思想和理论的发展大体上经历了前后相继的三个时期：即数学与逻辑学时期、自然哲学或科学哲学时期以及形而上学与宇宙论时期。这三个时期分别对应于其生活和工作的三个主要地点，即剑桥时期（1885—1910 年）、伦敦时期（1911—1924 年）和哈佛时期（1925—1945 年）。

第一个时期，即数学与逻辑学时期，是指怀特海自从在剑桥大学三一学院留校任教直到其举家迁居伦敦这一时期内的思想发展和理论创造。这个时期还被西方怀特海思想研究者称为“前思辨认识论时期”。他在这个时期内公开发表的代表作是《普遍代数论》（亦译《泛代数论及

① 本文为作者主持的国家社会科学基金后期资助项目《怀特海过程哲学研究》（项目号 FXZ140044）后续研究成果。

应用》,*A Treatise on Universal Algebra, with Application*)、《论物质世界的数学概念》(*On Mathematical Concepts of the Material World*, 1905 年)、《投影几何公理》(*The Axioms of Projective Geometry*, 1906 年)、《描写几何公理》(*The Axioms of Descriptive Geometry*, 1907 年)、《数学原理》(三卷本,与罗素合著,Principia Mathematica, 1910—1913 年陆续出版)等。其中,需特别指出的:一是他以《普遍代数论》一书在数学研究领域所做的开创性研究,使他在 1903 年荣幸地当选为英国皇家学会会员。而大约在三十年后,他因其在数学、逻辑和科学哲学等方面的突出学术成就,又荣幸地当选英国科学院(British Academy)院士。在英国,一个人一生当选这两种学术荣誉称号的思想家和科学家并不多见。二是其与罗素合著的《数学原理》成为现代符号逻辑的奠基性著作之一。同时,这一著作也启发和激励了后来的著名数学家哥德尔发现了"哥德尔不完全性定理"。

美国人工智能思想家侯世达(Douglas R. Hofstadter)在其撰写的曾风靡欧美人工智能领域的《哥德尔-艾舍尔-巴赫——集异璧之大成》(Godel, Escher, Bach, 1979)一书中,对怀特海和罗素合著的《数学原理》这一巨著给予高度评价。他认为,《数学原理》是从逻辑学、集合论和数论中驱除"自指"或"怪圈"的逻辑悖论的一次庞大实践。《数学原理》一书所要达到的目的,就是要从逻辑学中推导出所有的数学,而且一定不能有矛盾。因此,这部著作曾受到普遍的赞扬。但是,在很长时期内无人能肯定:(1)是否一切数学都包括在怀特海和罗素所勾画的这种方法之中;(2)甚至不能肯定,这些给出的方法本身是不是一致的。因此,德国著名数学家大卫·希尔伯特曾向全世界数学家和元数学家提出挑战:谁能严格地论证《数学原理》一书中所定义的系统既是一致的,又是完全的,即每一个数论的真陈述都可以在《数学原理》所给出的框架之中推导出来。

有可能正是在这种挑战的激励下,1931 年,奥地利裔美国著名数学家库尔特·哥德尔(Kurt Godel, 1906—1978 年)发表了他的著名论文《〈数学原理〉及有关系统中的形式不可判定命题》,这是 20 世纪逻辑学和数学基础方面最重要的文献之一。在侯世达看来,这篇论文从某种角度上讲成功地回答了希尔伯特提出的挑战。因为这篇论文不仅揭示了怀特海和罗素在《数学原理》中提出的公理系统中有不可弥补的“漏洞”，并且更为一般地说，这篇论文证明了没有一个公理系统可以产生所有的数论真理，除非它是一个不一致的系统！最后，要证明一个像《数学原理》中提出的那样一种系统的一致性乃是徒劳的：如果能只使用《数学原理》里边的方法找到这样一个证明的话，那么，《数学原理》本身就将是不一致的！——这是哥德尔的工作中最使人感到神秘的结论之一。① 从理论上说，哥德尔不完全性定理的证明一方面回答了希尔伯特所提出的问题，即哥德尔证明了任何一个形式系统，只要包括了简单的初等数论描述，而且是自洽的，它就必定包含某些系统内所允许的方法既不能证明其为真，也不能证明其为假的命题。另一方面，它也间接地揭示了《数学原理》的重要学术价值和在现代逻辑学发展史上的重要地位。令人称奇的是，《数学原理》原本被认为是一座完全可以抵御逻辑怪圈的堡垒，现在经过哥德尔不完全性定理证明，必须把艾皮曼尼蒂斯悖论引进到《数学原理》的核心之中，才能达到《数学原理》所要达到的目的。尽管哥德尔指出了《数学原理》原来的目的是一种幻想，然而他所指出的逻辑怪圈并没有摧毁《数学原理》本身，而只是以这一巨著中所阐述的系统为研究对象，推导出一条伟大的定理——哥德尔不完全性定理。加之他在其他方面的学术成就，1951 年他获得了爱因斯坦勋章。这一理论使数学基础研究发生了划时代的变化，更是现代逻辑史上很重要的一座里程碑。该定理与塔尔斯基的形式语言的真理论、图灵机和判定问题，被赞誉为现代逻辑科学在哲学方面的三大成果。从这个意义上说，《数学原理》所发挥的不可替代的重大历史性作用便不言而喻了。

怀特海思想发展的第二个时期通常被称为自然哲学时期或科学哲学时期。这个时期的代表作，首先是于 1915 年、1916 年和 1917 年他连续发表了三篇论文，其标题分别是“空间、时间和相对性”（Space，Time

---

① 【美】侯世达著：《哥德尔、艾舍尔、巴赫——集异璧之大成》，翻译组译，北京：商务印书馆 1996 年版，第 28、31—32 页。

and Relativity)、"思想的组织"(The Organization of Thought)和"某些科学概念的剖析"(The Anatomy of Some Scientific Ideas),这是怀特海发表的第一批通常可称为"哲学的"著述。这些著述后来收集在《思想的组织,教育与科学》(1917 年)一书中出版,并且在《教育的目的及其他》(1929 年)中略有删节后再版。其次,就是他撰写了以探讨自然知识原理为研究对象的《自然知识原理研究》(1919 年)。随后,怀特海针对同一主题进一步思考和研究,围绕这一部著作中言不尽意的问题又撰写和出版了《自然的概念》(*The Concept of Nature*, 1920 年)一书,以及专门以探讨爱因斯坦相对论的哲学解释为研究对象的《相对性原理》(*The Principle of Relativity*, 1922 年)一书。这三部重要的自然哲学著作的内容虽然有所侧重,但它们所探讨的大致上属于同一类的问题,这就是自然知识的根本性质问题。正是这些自然哲学著作,使怀特海在以英语写作的欧美思想家中获得了很高声誉,加之他在数学、逻辑和代数方面的开创性研究成果,这成为后来众多著名学者推荐他到哈佛大学哲学系讲授科学哲学,以重振哈佛哲学系在欧美哲学界独占鳌头之雄风的主要原因。而且,即使他到哈佛大学哲学系这个实用主义哲学和分析哲学占主导地位的学府讲授思辨的形而上学,致使那些在一开始听其做讲座的科学家和哲学家似乎都如坠五里云雾之中,完全听不懂他在讲什么,但他们仍然坚信他是在努力地追求哲学真理,而不可能是一个大骗子。①

怀特海思想发展的第三个时期通常被称为"思辨哲学时期",即从怀特海到哈佛大学哲学系任教开始,直到十多年后他在那里第二次光荣退休,最后在美国麻省坎布里奇②逝世为止的时期。在这个时期内,怀特海的代表作主要有《科学与现代世界》(*Science and Modern World*, 1925 年)、《宗教的形成》(*Religion in the Making*, 1926 年)、《符号及其意义和效果》(*Symbolism*: *Its Meaning and Effect*, 1927 年)、《过程与

① 【美】维克多·洛著:《怀特海传》(第二卷),杨富斌、陈伟功译,商务印书馆 2018 年版,第 168 页。

② "坎布里奇"的英文名称与"剑桥"(Cambridge)相同,但为了区别于英国的剑桥,学界通常称之为"坎布里奇"。

实在》(*Process and Reality*，1929 年)、《教育的目的》(*The Aims of Education and Other Essays*，1929 年)、《理性的功能》(*The Function of Reason*，1929 年)、《观念的探险》(*Adventure of Ideas*，1933 年)、《自然与生命》(*Nature and Life*，1934 年)、《思维方式》(*Mode of Thought*，1938 年)以及《科学和哲学文集》(*Essays in Science and Philosophy*，1947 年)等。

二、怀特海缘何转向自然哲学研究

怀特海研究者对怀特海思想的发展通常会有一个疑问：当年正处在数学和逻辑学研究鼎盛时期的怀特海，为什么其学术研究兴趣目标明确地转向了自然哲学研究？换言之，他的自然哲学转向的动因是什么？这一转向在怀特海思想发展史上有什么重大意义？

从维克多·洛(Victor Lowe)撰写的《怀特海传》中可以看到，1880 年，19 岁的怀特海进入剑桥大学三一学院学习时，其主攻的专业是数学。1885 年秋从剑桥大学毕业时，他不仅有幸获得了三一学院的研究生奖学金和理事职位①，而且后来不久还在三一学院被聘为数学讲师，从此他便开始了在剑桥大学讲授和研究数学的光辉生涯。然而，与其他在剑桥大学三一学院留校任教后很快发表相关数学研究成果的年轻教师不同，他作为数学讲师留校任教之后，五年内未发表任何数学研究成果，一直在潜心地做基础性的数学理论研究，尤其是全力投入到把纯粹数学与物理学相结合的数学物理学理论研究之中，其着力思考的主要问题是数学尤其是代数和几何学与我们生活于其中的物质世界是什么关系。直到长达十三年后，他才在发表了几篇论文的基础上，出版了其平

① 这里的“理事”一词，英文原文是“fellow”。国内学界有人把这个词译为“院士”或“研究员”，笔者认为这样翻译似乎不妥。因为英国皇家科学院院士通常是 member，而不是 fellow。同时，把这个词译为“院士”，容易被人误解为是英国皇家科学院院士，或者英国皇家学会会员(member)。而怀特海当时在英国剑桥大学三一学院里其实只是学院里的一个“理事”，即有权参加讨论并投票决定学院事务的理事。同时，把这个词译为“研究员”也不妥，因为他当时连“讲师”还不是，不可能是“研究员”。而译为“研究员”很容易被国内读者误认为是相当于我国高校里的正高职的“研究员”。

生第一部学术著作——《普遍代数论》(1898 年),并且如前所述,这一著作的出版使怀特海很自然地当选为英国皇家学会会员。在怀特海逝世后,埃德蒙特·惠特克撰文写道,“这部著作‘在所有方面都可赞誉为学术研究巨著’。”[①]同年,他与已经出版了《数学的原理》第一卷(1903 年[②])的伯特兰·罗素开始合作撰写对符号逻辑的创立有重大意义的三卷本《数学原理》。这部著作的书名以拉丁文出版,且故意取了一个与牛顿的代表作《自然哲学的数学原理》(在英语文献中通常简称为《数学原理》或《原理》)相同的书名,这决不是无意地偶然为之,而是刻意这样做,意在表明本书是探究数学基本原理的著作,而不是探讨具体数学问题的著作。

那么,正当作为数学家和逻辑学家的怀特海在英国数学界开始展露头角,逐渐受到青睐,有望在数学和逻辑学上做出重大贡献之时,是什么原因导致他转向了自然哲学研究呢?根据笔者的考察和借鉴他人成果[③],可以概括地说,怀特海的这一思想转向主要有科学的、数学的和哲学的三个方面的原因:

首先,自然科学领域最新成果的影响是这种思想转向的首要原因。恩格斯曾经指出:“在从笛卡儿到黑格尔和从霍布斯到费尔巴哈这一长时期内,推动哲学家前进的,决不像他们所想象的那样,只是纯粹思想的力量。恰恰相反,真正推动他们前进的,主要是自然科学和工业的强大且日益迅猛的进步。”[④]从这一观点看,推动怀特海思想发展的自然科学方面的原因主要有当时四个学说的影响。

一是爱因斯坦广义相对论(1915 年)对其思想有重要影响。怀特海在《相对性原理》一书中明确地说:“我的整个思想路线都是以爱因斯坦

---

① 【美】维克多·洛著:《怀特海传》(第一卷),杨富斌、陈伟功译,北京:商务印书馆 2018 年版,第 237 页。

② 罗素的这部著作,其英文名称完全可以译为《数学原理》,但为了与他同怀特海合著的《数学原理》相区别,国内学者通常把罗素自己撰写的这部著作译为《数学的原理》,而把他与怀特海合著的那一部三卷本数学著作译作《数学原理》,以示区别。

③ 如意大利青年学者安东尼奥·卡塔拉诺(Antonio Catalano)博士在第十二届怀特海国际大会上的发言中就曾明确地提出这一问题,并根据他的研究做了回答。

④《马克思恩格斯选集》第四卷,北京:人民出版社 2012 年版,第 233 页。

和明可夫斯基把时间和空间相统一这一天才的雄伟举动为前提的。”①在怀特海看来，相对论时空观实际上把时空与物质运动统一起来了。这样看来，近代以来在西方哲学中以牛顿经典物理学为基础的绝对时空观就成为大错特错的了。然而，不幸的是，即使在爱因斯坦相对论时空观提出之后，在西方物理学界绝对时空观仍然占据着主导地位。而根据绝对时空观所提出的自然观和自然知识观，也都相应地存在着严重的问题。例如，现代科学家们仍然认为自然界中的事实本身没有价值，事实与价值不是一回事，而自然知识与自然的实在性没有关系，它是人类主体的纯粹主观的构造。康德哲学以现代科学为基础，从哲学上高扬人的主体性，提出了“人为自然立法”的豪言壮语，并为许多人所认同。直到今天，许多人还没有充分认识到这句话中包含的否定外部世界的客观实在性的潜在错误。怀特海在《自然知识原理研究》一书中就是要系统地回答相对论时空观视域中的自然和自然知识的本质究竟是什么，它们同自然的实在性是何关系，从而要为科学知识的发展提供新的哲学解释，以回应和纠正当时流行的那些对相对论时空观所做的错误的哲学解释。在 1922 年于曼彻斯特举行的一次学会论坛上，怀特海宣读的论文题目就是“论相对性原理的哲学问题”。当时坚持常识实在论的哲学家摩尔还与怀特海发生了激烈的学术争执，并怒气冲冲地走到演讲者怀特海面前挥起拳头，表示抗议。② 但怀特海则仍然冷静地继续讲述自己的科学实在论观点，并未因此而有丝毫让步和修正自己的观点。

二是麦克斯韦电磁学对其思想的发展有重要影响。早在怀特海是剑桥大学三一学院高年级本科生时，他就前去聆听著名的数学教授尼文讲授数学物理学的讲座。尼文教授是著名数学物理学家麦克斯韦的弟子和传人，“在数学物理学方面，他给了怀特海最有价值的教育。”③在 19

① 怀特海：《相对论原理》，英文版，第 88 页。

② 【美】维克多·洛著：《怀特海传》（第二卷），杨富斌、陈伟功译，北京：商务印书馆 2018 年版，第 106 页。

③ 【美】维克多·洛著：《怀特海传》（第一卷），杨富斌、陈伟功译，北京：商务印书馆 2018 年版，第 116 页。

世纪 80 年代，剑桥大学虽然在纯粹数学方面远远落后于欧洲，但在数学物理学方面则并非如此。这是因为著名数学物理学家克拉克·麦克斯韦在 1871 年来到剑桥，并在两年之后出版了他的伟大著作《电磁学》。在麦克斯韦于 1879 年年仅 48 岁就英年早逝后，曾是麦克斯韦的学生和密友的英国皇家学会会员尼文教授每年在三一学院做两个学期的电磁学演讲。他后来还编辑了《电磁学》第二版和麦克斯韦的《科学论文集》。他的演讲是开放的，并实际上吸引了剑桥大学的所有数学家和喜爱数学物理学的学生。怀特海当时就是这些学生中的一员。尼文对麦克斯韦电磁学的演讲虽然并非流畅清晰，明白易懂，但难能可贵的是，通过他的讲解使人们深刻地确信了麦克斯韦电磁学观点非常重要，这使得人们开始设法理解这些观点，并反复地阅读麦克斯韦的相关著作。“对剑桥来说，由于具有牛顿的遗产，数学物理学已成为数学中的大部分内容。”[①]“由于怀特海本人对麦克斯韦的《电磁学》有思考，这便促使他把电磁学作为其在 1884 年所撰写的三一学院理事资格的论文主题。……与麦克斯韦电磁现象理论的这种亲密接触是怀特海在任何其他地方不可能得到的，这对他未来研究物理学哲学的所有工作都是至关重要的。麦克斯韦试图说明关于机械原理的所有已知事实，并且是以自己那一组漂亮的电磁学方程式来表现的。”[②]后来，怀特海在哈佛大学给哲学专业的学生所做的第一场演讲课上，就对麦克斯韦方程式尝试着做了非专业的阐述。遗憾的是，虽然怀特海撰写的三一学院理事论文的题目是“克拉克·麦克斯韦的电磁理论”，并且这项研究对物理学哲学具有永恒的意义，然而他在这篇论文中究竟写了一些什么内容，现在已无人知晓，因为这篇论文并没有保存下来，他在后来的著作中也再没有提起过其中的内容。但他经常在其著作中提到麦克斯韦的著作。维克多·洛说：“如果在他晚年名扬四海时某个年轻学者问他这个事情，他的回答一定是麦克

---

① 【美】维克多·洛著：《怀特海传》（第一卷），杨富斌、陈伟功译，北京：商务印书馆 2018 年版，第 128 页。

② 【美】维克多·洛著：《怀特海传》（第一卷），杨富斌、陈伟功译，北京：商务印书馆 2018 年版，第 117 页。

斯韦的著作具有最重要的意义，而他自己的论文则没有意义。”[①]而正是对麦克斯韦电磁学的深入思考，导致怀特海必须深入地思考数学方程式与物质世界的关系，这样，他从数学和逻辑学研究转向自然哲学研究似乎就是顺理成章的事了。

三是量子力学的发展对其思想有重要影响。在怀特海进入学术研究领域之时，量子力学还处在方兴未艾的创立和发展过程之中。即使如此，由于量子力学对微观高速物理领域中的开创性研究对牛顿经典物理学的绝对时间观和空间观以及实体粒子理论的冲击，这导致怀特海对物理世界产生了全新的观点。尤其是普朗克（Max Plank，1858—1947年）的“量子理论”，直接挑战了古典物理学的绝对时空观和实体粒子物质观，动摇了牛顿经典力学关于物体运动遵循机械的因果法则的信念。怀特海后来在《科学与现代世界》一书中专门有一章论述“量子论”，在那里他明确地指出，在他到美国讲学的时期，相对论已经不是近年来吸引物理学界兴趣的主要论题了，“这个地位无疑地被量子论占据了。这个理论中有趣的地方在于，根据这种说法，某些可以渐增渐减的效应实际上都是以某种明确的跳跃方式增减的。这好像是说，你能每小时走三英里或四英里，但却不能走三英里半。”[②]他认为，“量子论所提出的不连续的概念要求物理学概念作一次修改，以便能配合这一概念。尤其是现在已经指出，我们需要一种解释不连续的理论。我们所要求于这样一个理论的东西，是电子的轨道可以看成是一系列分立的位置，而不是一条连续的线。”[③]这便促使他对以牛顿为代表的经典物理学的实体物质观进行根本的反省，从而在此基础上明确地批判实体哲学，尤其是其实体粒子观，提出了取代实体学说的事件学说。

四是生物学和生命科学的影响。在怀特海时代，拉马克和达尔文的生物进化论思想已经深入人心。恩格斯曾指出，在他们那个时代，细胞学说和以达尔文命名的进化论的发现，已经逐渐地被人们接受。“事实

---

① 【美】维克多·洛著：《怀特海传》（第一卷），杨富斌、陈伟功译，北京：商务印书馆 2018 年版，第 130 页。

② 【英】怀特海著：《科学与近代世界》，何钦译，北京：商务印书馆 1959 年版，第 144 页。

③ 【英】怀特海著：《科学与近代世界》，何钦译，北京：商务印书馆 1959 年版，第 151 页。

上，直到上一世纪末（指 18 世纪——引者注），自然科学主要是搜集材料的科学，关于既成事物的科学，但是在本世纪，自然科学本质上是整理材料的科学，是关于过程、关于这些事物的发生和发展以及关于联系——把这些自然过程结合为一个大的整体——的科学。研究植物机体和动物机体中的过程的生理学，研究单个机体从胚胎到成熟的发育过程的胚胎学，研究地壳逐渐形成的地质学，所有这些科学都是我们这个世纪的产儿。”[①]怀特海的学术生涯开始于 19 世纪末和 20 世纪初，他自然地对当时的细胞学说和生物进化论以及伯格森的生命哲学等，都有非常清楚的了解。在他的著作中，对施莱登和施旺创立的细胞学说，对进化论和其他生物学成果，他在许多地方常有论及。例如，在《科学与现代世界》第六章中讨论“十九世纪”的科学发现时，他就曾明确谈到“施莱登在 1838 年和施旺在 1839 年最后确定了细胞的基本性质。因此，大约到 1840 年，生物学和化学全都建立在原子观的基础上了。”而在他看来，细胞学说和巴斯德的生物学研究在某些方面比道尔顿的原子学说更富有革命性，“因为它们把机体的概念介绍到微生物的领域中去了。”[②]在《思维方式》第八章讨论“有生命的自然界”时，怀特海主张要把生命和自然界融合在一起，以此来弥补机械唯物论的物质自然观的缺陷。现代科学不能在自然界中发现生命、目的和价值，这是由当时的“自然科学的方法论所固有的。自然科学的这种无知的原因，在于这种科学仅仅研究人类经验所提供的一半证据。它把这件无缝的上衣分割开了。或者把这个比喻说得更恰当一些，它检查了作为外表的东西的上衣，却忽略了作为基础的东西的身体。”[③]而一旦承认身体的存在我们就会看到，“身体包含了亿万分子的协同活动。身体永远以无数方式失去分子而又获得分子，这是它的结构的本质。当我们以极其细心的态度来考虑这个问题的时候，就看不到身体始于何处、外部世界终于何处的明确界线。”[④]怀特海后来在《过程与实在》中把自己的哲学明确地叫做“有机哲学”或“机体

① 《马克思恩格斯选集》（第四卷），北京：人民出版社 2012 年第三版，第 251 页。
② 【英】怀特海著：《科学与近代世界》，何钦译，北京：商务印书馆 1959 年版，第 115 页。
③ 【英】怀特海著：《科学与近代世界》，何钦译，北京：商务印书馆 1959 年版，第 135 页。
④ 【英】怀特海著：《科学与近代世界》，何钦译，北京：商务印书馆 1959 年版，第 141 页。

哲学”(the philosophy of organism)，显然地是受到了生物学中有机体思想的重要影响。

其次，数学发展的最新成果对怀特海的思想转向有重要影响。根据维克多·洛的研究，怀特海所从事的数学研究不是纯粹数学研究，而是应用数学研究，“怀特海的数学事业具有非同寻常的特征。”①其主要研究兴趣和方向是数学在物理学中的应用。这非常类似于古希腊哲学家毕达哥拉斯的数学观点和牛顿的数学观点。在怀特海看来，毕达哥拉斯是最早的数学物理学家，他所提出的“数即万物”的著名命题即是这种数学物理学的经典表达。而牛顿则是数学物理学家的集大成者，其代表作即是他那部不朽的著作《自然哲学的数学原理》。因此，怀特海“在本质上不是那种沉溺于专攻具体数学问题的人，而这些问题则是他的数学同事们满脑门子心思都在想的问题，他更感兴趣的是新的数学分支，即由伽罗瓦、格拉斯曼、凯利、汉密尔顿、黎曼、布尔在之前半个世纪里所创造的东西，这些数学新分支极大地扩展了科学的范围。”②“怀特海在数学著作中总是强调要追求最大的一般性；当他后来在形而上学著作中强调恰当的方法时，同样吸纳和展示了这一特征。”③

怀特海在数学研究方面虽然称不上一流的著名数学家，但他对数学的贡献也是为不少数学家所承认的。据维克多·洛考证，对布尔代数做过经典的公理式处理的哈佛数学家 E. V. 亨廷顿说过，代数“产生于布尔，扩展于施罗德，完善于怀特海”。④ 他在同一个地方还强调说，怀特海对符号逻辑代数所做的贡献，是只有数学家而非逻辑学家才能做到的——甚至不是具有罗素那样极高声望的逻辑学家所能做到的。

当时，数学最新发展成果对怀特海思想的影响主要来自于非欧几里

① 【美】维克多·洛著：《怀特海传》(第一卷)，杨富斌、陈伟功译，北京：商务印书馆 2018 年版，第 182 页。

② 【美】维克多·洛著：《怀特海传》(第一卷)，杨富斌、陈伟功译，北京：商务印书馆 2018 年版，第 183 页。

③ 【美】维克多·洛著：《怀特海传》(第一卷)，杨富斌、陈伟功译，北京：商务印书馆 2018 年版，第 119 页。

④ 【美】维克多·洛著：《怀特海传》(第一卷)，杨富斌、陈伟功译，北京：商务印书馆 2018 年版，第 312 页。

得几何学。在维克多·洛看来，“怀特海是剑桥大学第一批讲授非欧几里得几何学课程的教师之一。”①他所撰写的第一篇学术论文题目是“论黏性不可压缩流体的运动”，探讨的主要是黏性流体的一般数学表达式问题。从这个意义上说，“怀特海与其说是问题解决者，倒不如说他更像是猎人。”②怀特海的终生兴趣之一，是要发现数学的基本性质。从他开始在剑桥大学从事数学教学和研究时起，他就不再满意于把数学界定为关于数量的科学。在怀特海于 1912 年 3 月 16 日写给伦敦大学学院教务长的应聘信中，就陈述了他自己能主持应用数学教席的资格：“在过去的二十二年间，我一直在从事一项宏大的工作，包括对数学符号论和数学观念的逻辑审查。这项工作源于对电磁学的数学理论的研究，并且一直把对物质和空间关系的一般审查当做其终极目的。”③在维克多·洛看来，麦克斯韦的电磁学研究是要证明传播媒介的必要性，而怀特海研究麦克斯韦电磁学理论的根本目的，则是要弄清物质和空间的关系——换言之，弄清电磁学与几何学的关系。④

怀特海认为，通过一般的数学方程对自然现象进行探讨，“这种方法有可能是有用的，运用这种方法，通过与实验相比较，可能会发现这些一般方程的应用局限。”维克多·洛还联想到他在四十年后所写的《过程与实在》，认为如果人们读过《过程与实在》，就会知道怀特海坚持认为，形而上学理论可以被陈述为“具有最大的精确性和明确性”，因而能使人演绎出它的结论，并与观察相比较。“在他所有的哲学著作中，他都强调寻求不断地接近精神的和完全的真理，尽管这是人类永远不能达到的。”⑤

怀特海对数学的研究主要集中在代数和几何学方面，而对微积分学

---

① 【美】维克多·洛著：《怀特海传》（第一卷），杨富斌、陈伟功译，北京：商务印书馆 2018 年版，第 183 页。

② 【美】维克多·洛著：《怀特海传》（第一卷），杨富斌、陈伟功译，北京：商务印书馆 2018 年版，第 183 页。

③ 【美】维克多·洛著：《怀特海传》（第一卷），杨富斌、陈伟功译，北京：商务印书馆 2018 年版，第 187 页。

④ 【美】维克多·洛著：《怀特海传》（第一卷），杨富斌、陈伟功译，北京：商务印书馆 2018 年版，第 187 页。

⑤ 【美】维克多·洛著：《怀特海传》（第一卷），杨富斌、陈伟功译，北京：商务印书馆 2018 年版，第 189 页。

并无多大兴趣。“怀特海确信，这种新代数（即一般代数）不仅是有趣的抽象概括，而且是‘有用的研究引擎’。”[①]这主要缘于他对几何存在同时间和物质相联系的各种方式有特别的兴趣。由此看来，他所理解的数学是广义的数学，他在《一般代数论》中指出：“数学的理想应当可以通过建立演算来促进与每一思想领域有关的推理，或者与外部经验有关的推理，思想的连续性或者事件的连续性可用之来明确地确定和精确地加以陈述。因此，所有不是哲学的或者归纳推理的或者想象性文学的严肃思想，都将是可由演算来发展的数学。”[②]

怀特海对数学的态度非常类似于毕达哥拉斯，在某种程度上他相信“数即万物”的论断。同时也与柏拉图重视数学、马克思重视数学一样，认为数学在揭示客观世界的真理性方面具有极其重要的作用。维克多·洛指出：“如果怀特海年轻时曾经被极端的柏拉图主义所吸引，那么，进化学说和新的几何学的发展——两者都表明大自然是许多秩序模式的承担者——都会使他离开它。”这样，在他看来，微积分中所讨论的“=”（即等号）所表达的基本观念，可以叫做“相等或等值”，它实际上只是表示在某种限定的目的上，等号两边的东西可以无差别地使用，而它们两者不可能是同一的。因此，A = A 这样的命题只能导致空洞的同一。而“同一”与“相等”并不完全一样，在怀特海看来，“相等意味着非同一是其一般情形。同一则可以被看作相等的特殊限定情形。”[③]以 2 + 3 = 3 + 2 为例，他指出，“两边都表示常见的数字 5，这个事实甚至并没有明确地被人们提到。唯一的直接陈述是，两个不同的事物 3 + 2 和 2 + 3 在数字上是相等的。”[④]而实际上，“3 + 2”并不是“2 + 3”的同义词，这些

---

① 【美】维克多·洛著：《怀特海传》（第一卷），杨富斌、陈伟功译，北京：商务印书馆 2018 年版，第 227 页。

② 【美】维克多·洛著：《怀特海传》（第一卷），杨富斌、陈伟功译，北京：商务印书馆 2018 年版，第 232 页。

③ 【美】维克多·洛著：《怀特海传》（第一卷），杨富斌、陈伟功译，北京：商务印书馆 2018 年版，第 235 页。

④ 【美】维克多·洛著：《怀特海传》（第一卷），杨富斌、陈伟功译，北京：商务印书馆 2018 年版，第 235 页。

符号表达了两个不同的具体事物或抽象事物及其关系。①

在维克多·洛看来："怀特海长期以来所坚持的确信是，数学是关于事物和事件世界的学问。""他持之以恒的兴趣在于把数学理论应用于世界，而他所提出的几何原理则似乎一直在追求这一确信。"②例如，他主讲过牛顿《自然哲学的数学原理》中的某些内容。维克多·洛说，罗素曾听过"怀特海关于静力学的课程"。罗素作为怀特海的学生，他学习数学的目的主要不是为了成为职业数学家，而是为了满足其哲学上的兴趣。"他想知道，终极实在到底是什么，可以认识的事物怎样才能是确切为真的。他在数学方面的兴趣不在于数学概念有丰富的成果，而在于可以确切地相信能宣称它们具有某种真理性。"③在这一方面，怀特海与罗素有共同之处，所以二人才合作撰写了《数学原理》这一巨著。但是，二人最后由于在哲学观点上有严重的分歧，就不得不分道扬镳了。

维克多·洛说："怀特海学术研究的第一阶段是数学研究，第二阶段则是致力于自然科学的哲学问题研究。习惯上的这种划分，由他把数学的本质理解为关于物质世界最一般的科学这一目的联系起来了。他的这种立场的发展，最初可追溯到他尚未出版的著作，即 1884 年对麦克斯韦电磁理论的研究，并且他在'论物质世界的数学概念'中也谨慎地提出了这些观点。"④

最后，深入系统的哲学新思考对怀特海的思想转向也有重要的影响。虽然怀特海一开始并不是职业的哲学家，他所主攻的专业也不是哲学，然而，由于他阅读广泛，对哲学问题和历史等有深入思考，因此，他在进入剑桥大学三一学院学习数学之后不久，就经同学推荐，加入了由各

---

① 【美】维克多·洛著：《怀特海传》(第一卷)，杨富斌、陈伟功译，北京：商务印书馆 2018 年版，第 235 页。

② 【美】维克多·洛著：《怀特海传》(第二卷)，杨富斌、陈伟功译，北京：商务印书馆 2018 年版，第 110 页。

③ 【美】维克多·洛著：《怀特海传》(第一卷)，杨富斌、陈伟功译，北京：商务印书馆 2018 年版，第 265 页。

④ 【美】维克多·洛著：《怀特海传》(第二卷)，杨富斌、陈伟功译，北京：商务印书馆 2018 年版，第 111 页。

个学科的优秀学生自发组织起来的一个哲学问题讨论协会。这个协会是在19世纪90年代中期，由一些热爱哲学问题的优秀学生迪金森、麦克塔格特和其他一些人组建的，他们称之为“哲学问题讨论协会”，或者通常被称为“使徒协会”。怀特海和罗素等人都是这个协会的成员。参加该协会各项活动的特殊经历使怀特海“大受裨益”。他的很多哲学思辨训练和对哲学家思想的讨论，都是在这个秘密学习协会中进行的。[①]“在这个协会的活动中，怀特海接触到了麦克塔格特关于非教条式版本的黑格尔唯心主义的影响，也许最终受到了它的思想的影响。”[②]在每周末一次的协会讨论和辩论中，广泛的讨论话题使怀特海受益匪浅，其哲学素养不断提高。“1887年1月，怀特海当选为哲学学会会员，这是剑桥大学中一个重要的科学组织”[③]。同时，怀特海很早就对康德哲学做过一些研究，在写作《普遍代数论》时，他对康德的第一批判就已经有所了解了。[④] 正是在使徒协会和哲学学会中，他对柏拉图、黑格尔等有了比较深入系统的思考。对古代哲学的思考和研究，主要集中在有关赫拉克利特哲学、毕达哥拉斯哲学、柏拉图哲学、亚里士多德哲学等方面；对德国古典哲学的思考，主要是对康德和黑格尔哲学的思考，而对贝克莱、休谟、洛克、笛卡尔哲学的思考主要集中在他们的经验论或感觉论方面。此外，他对其同时代哲学家的思想和观点的思考，主要是对伯格森、罗素、詹姆士等人哲学观点的分析和借鉴。其中对他影响较大的是使徒协会中的麦克塔格特，他使怀特海深入理解了黑格尔哲学，“他的形而上学著作，以及他促使怀特海意识到黑格尔的作用，值得怀特海形而上学评论家予以关注。”[⑤]而其他许多同时代人也对其有重要的思想影响。所

① 【美】维克多·洛著：《怀特海传》(第一卷)，杨富斌、陈伟功译，北京：商务印书馆2018年版，第234页。

② 【美】维克多·洛著：《怀特海传》(第一卷)，杨富斌、陈伟功译，北京：商务印书馆2018年版，第262页。

③ 【美】维克多·洛著：《怀特海传》(第一卷)，杨富斌、陈伟功译，北京：商务印书馆2018年版，第183页。

④ 【美】维克多·洛著：《怀特海传》(第一卷)，杨富斌、陈伟功译，北京：商务印书馆2018年版，第266页。

⑤ 【美】维克多·洛著：《怀特海传》(第一卷)，杨富斌、陈伟功译，北京：商务印书馆2018年版，第160页。

以维克多·洛说:“我禁不住想说,怀特海在自己的哲学中认为,美优于善和真,这在很大程度上要归功于罗杰·弗莱。”[①]

此外,怀特海曾明确地批评逻辑原子论或分析实在论不重视自然界和感官-觉察的观点。我们知道,逻辑原子论是罗素提出的基本主张。怀特海认可罗素的符号论观点,即假定事物与事物具有关系这种常识性观点,“但不同意罗素的原子多元论”。在《数学原理》中他们所进行的讨论也假定,“真理是与事实有关系的事物”,在这个问题上怀特海一直同意罗素的观点。但怀特海不同意罗素的现代科学观。根据罗素的观点,“现代科学所揭示的宇宙更加无意义。他假定,这个宇宙完全是机械的,而且人类的一切恐惧、欲望和行为‘只是原子偶然排列的结果’。只有在思想与渴望中,我们才是自由的。”[②]怀特海不同意这种机械宇宙论,力主与进化论等科学有关的有机宇宙论。在关于符号的本质问题上,怀特海与罗素最大的不同是,“有某种证据表明,与罗素相比,他更不会轻易忘掉符号与其对象之间的区别。”[③]因此,关于数学的本质,罗素接受了如下观点——这是在《数学原理》出版之后由其学生维特根斯坦促成的——即:数学由重言式构成。怀特海则从未接受这个观点,并且当他开始撰写哲学著作时,还对这种观点进行了抨击。[④] 也正因此,怀特海对维特根斯坦的态度很冷淡,据《怀特海传》中说,有一次罗素带维特根斯坦去见怀特海,怀特海竟然陷入沉思,一直对站在他面前的他们俩未予理睬,最后二人只好悻悻地离开了。这到底是怀特海假装没看到,还是真的进入了冥想状态,我们今天就不得而知了。

根据维克多·洛的研究,《数学原理》第四卷怀特海和罗素最终

---

① 【美】维克多·洛著:《怀特海传》(第一卷),杨富斌、陈伟功译,北京:商务印书馆 2018 年版,第 162 页。

② 【美】维克多·洛著:《怀特海传》(第一卷),杨富斌、陈伟功译,北京:商务印书馆 2018 年版,第 298 页。

③ 【美】维克多·洛著:《怀特海传》(第一卷),杨富斌、陈伟功译,北京:商务印书馆 2018 年版,第 339 页。

④ 【美】维克多·洛著:《怀特海传》(第一卷),杨富斌、陈伟功译,北京:商务印书馆 2018 年版,第 340 页。

并没有完成，这是因为此时“从来不主张绝对空间理论的怀特海决定思考爱因斯坦与明可夫斯基富有革命性的观念，而且为这个目的而撰写了《自然知识原理研究》。1917 年 1 月 8 日，由于担心罗素在他自己将它们整理好之前游离于他的观念，怀特海拒绝寄给罗素他为这本书而写的笔记。罗素在其《自传》里说，这使他们的合作就此结束了。”①

怀特海与罗素的哲学观点最大的区别是，“怀特海不赞同罗素看待世界的方式。”罗素曾指出，在抛弃黑格尔的唯心主义之后(发生在 1898 年)，他把世界看作是由有坚硬的清晰边界的独立事物构成的。罗素说：“怀特海就如同地中海一样明媚的天堂中的那条蛇。他曾告诉我说：‘你认为世界看上去像是正午的晴天；而我则认为它像大清早人们从沉睡中醒来第一眼时看上去的那个样子。’”。② 那么，人们如何给这个杂乱无章的世界“立法”或“建构秩序”呢？怀特海给罗素提出的建议是，使用一种特殊的技术方法。在《自然知识原理研究》中，怀特海把这种技术方法命名为“广延抽象法”。

在怀特海成为著名哲学家之后，他曾告诉维克多·洛，就他所能主张的任何原创性的研究而言，他认为，“论物质世界的数学概念”一文，是他所做的最有原创性的研究。③ 这篇论文于 1906 年发表在英国皇家学会主办的《哲学学报》A 系列论文中，该文开宗明义地指出：“这篇研究报告的目的是开创认识物质世界之本质的各种可能方式的数学研究。报告的结论是通过精确而详细的数学研究而获得的，从这个意义上说，这篇研究报告所涉及的是终极存在与空间的可能关系，认为(用日常语言来说)这些终极存在构成了空间中的‘材料’。”④正是在这篇论文中，怀

① 【美】维克多·洛著：《怀特海传》(第一卷)，杨富斌、陈伟功译，北京：商务印书馆 2018 年版，第 348 页。

② 【美】维克多·洛著：《怀特海传》(第一卷)，杨富斌、陈伟功译，北京：商务印书馆 2018 年版，第 349 页。

③ 【美】维克多·洛著：《怀特海传》(第一卷)，杨富斌、陈伟功译，北京：商务印书馆 2018 年版，第 352 页。

④ 【美】维克多·洛著：《怀特海传》(第一卷)，杨富斌、陈伟功译，北京：商务印书馆 2018 年版，第 353 页。

特海第一次提出对经典物理学的时空概念的批评。后来在《科学与现代世界》中，他称这种经典物理学观点为“科学唯物主义”。①

针对怀特海到达伦敦后出版的第一本数学著作，即 1911 年出版的《数学导论》，维克多·洛曾评论说，“在怀特海对自然以及数学重要性的阐述中，包含有对哲学学说的简短叙述”，这其中就表现了怀特海思想在其所谓前哲学时期的选择性关注及倾向。他常常强调理解自然的目的。因此，这本小书既是数学导论，也是数学物理学导论。并且怀特海称“矢量”概念是“物理学的根本观念”。他的这些思想深深地影响了罗素等人，罗素认为怀特海的数学“似乎告诉了我一直想知道而老师们并没有告诉我的东西。”罗素还称这本书是“绝然的大手笔”。科学史专家乔治·萨顿称这部著作“非常基础但非常睿智”。② 其中的核心思想之一是，怀特海坚持认为，抽象的一般观念对科学知识的进步是必不可少的。其中他还提到一个例子，即中国人虽然早就运用了指南针的特性，然而中国古人并没有将其与任何理论观念联系在一起，因而没有推进相关的科学进步。而从哥伦布到麦克斯韦等欧洲人运用数学观念，因而创造了电磁学及其无限的实践应用。所以怀特海在该书中声称：“人类生活中真正的深刻变化，其最终根源都在于对知识本身的追求。”③

1911 年 7 月，怀特海在伦敦大学得到的第一份工作是在大学学院讲授应用数学与力学的讲师职位。对大一新生他只讲授动力学与流体静力学；对大二学生，他则讲授电势和引力论、高等静力学与高等粒子(质点)动力学，同时他还讲授天文学基础课程。这表明他的数学研究、物理学研究和哲学研究从来都是结合在一起的。

---

① 【美】维克多·洛著：《怀特海传》(第一卷)，杨富斌、陈伟功译，北京：商务印书馆 2018 年版，第 354 页。怀特海在西方学术语境中所说的“科学唯物主义”相当于我们所说的“机械唯物主义”或“形而上学唯物主义”。对这种唯物主义，马克思历来也持批判态度。——引者注。

② 【美】维克多·洛著：《怀特海传》(第二卷)，杨富斌、陈伟功译，北京：商务印书馆 2018 年版，第 3 页。

③ 【美】维克多·洛著：《怀特海传》(第二卷)，杨富斌、陈伟功译，北京：商务印书馆 2018 年版，第 5 页。

怀特海长久以来一直偏爱空间关系论，他从来不喜欢绝对空间论。1910 年在他给《英国大百科全书》第 11 版撰写的论文“几何学公理”中，他说几乎每个物理学家那时都不承认绝对空间论了，但是他们在暗中却还在使用着这种理论。因此，在 1914 年之后的四年里，他对物理学的传统假设进行了广泛而有新意的抨击，并根据知觉材料对精确的空间和时间概念提出了详尽的建构。《自然知识原理研究》就是这一研究的成果。在 1914 年的一篇论文中他明确指出：“这些观念的基本顺序是，首先是处于关系中的事物世界，其次是空间，其中的基本存在物要根据这些关系来界定，而且它们的属性是根据这些关系的本质推演出来的。”①怀特海所理解的几何学是物理学的组成部分。他曾在一篇论文中指出：“几何学著作，就其被看作可应用于物理空间的科学而言，只是物理学研究的第一部分。它的主题不是‘物理学引论’，而是物理学的组成部分。”②在处理物理对象之间的关系时，怀特海将所有直接关系都视为因果关系。他主张，物理学必须思考的唯一事实，乃是物理宇宙在某种时间流逝中的状况如何决定未来的状况。

综上，由于当时自然科学方面相对论、量子力学和生物学等科学发展的重大成就，数学方面由于非欧几何学和怀特海本人对数学物理学的深入研究，哲学方面由于他对古希腊哲学以来的数学哲学、过程哲学和经验论哲学的思考和研究，包括对黑格尔的辩证法思想的批判性吸收，对“科学唯物主义”或机械唯物主义的反思和对唯心主义哲学的明确批判和扬弃，加之自工业革命以来西方社会在政治、经济、文化和思想上的巨大变化，科学对现代世界方方面面的重大的革命性影响，促使怀特海从应用数学研究转向了自然哲学或科学哲学研究，这为其晚年进一步转向思辨的过程形而上学研究奠定了坚实的理论基础。而其后期的过程哲学或有机哲学思想的创立和发展，乃是其前期自然哲学思想的合乎逻辑的发展。

---

① 【美】维克多·洛著：《怀特海传》(第二卷)，杨富斌、陈伟功译，北京：商务印书馆 2018 年版，第 17 页。

② 【美】维克多·洛著：《怀特海传》(第二卷)，杨富斌、陈伟功译，北京：商务印书馆 2018 年版，第 19 页。

三、自然哲学转向在怀特海思想史上的地位和意义

笔者认为，怀特海的自然哲学转向既是怀特海思想发展的内在逻辑使然，也是整个西方哲学发展的内在逻辑使然。这一转向不仅对怀特海本人的思想发展具有重要意义和作用，对整个西方哲学的现代转向也有重要意义。

首先，这一转向对怀特海的思想发展具有重要的意义和作用。从其内在逻辑发展来看，这一转向是怀特海早期研究应用数学的必然结果。因为怀特海所做的数学研究从来不是真正的纯粹数学研究，而是应用数学研究。这一应用数学研究传统源自古希腊哲学家毕达哥拉斯。怀特海曾明确地认为毕氏是西方第一个数学物理学家。只要探讨数学与物质世界的关系，就必然会内在地促使其进一步探讨自然哲学的相关问题。牛顿是西方现代科学家中最著名的数学物理学家，正是他率先把微积分引入物理学研究，才使他在数学物理学方面做出巨大贡献，这突出地表现在他的《自然哲学的数学原理》这部经典数学物理学著作之中。怀特海则主要是通过研究几何学和代数而转向于数学物理学研究。他和罗素合著的《数学原理》之所以取一个同牛顿的代表作的简称完全相同的名称，其内在寓意可能正在这里。他的学术研究如果仅仅停留在数学和逻辑学研究阶段，那么他至多可在数学和逻辑学上做出一些贡献，而不可能进一步影响到西方现代自然哲学或科学哲学的研究，更不可能进而创造出使现代西方哲学发生“过程转向”的过程哲学或有机哲学。

其次，这一转向对全部西方哲学也具有重要的意义和作用。全部西方哲学经过古代的形而上学阶段，从近代开始则出现了反形而上学思辨的思潮。尤其是自牛顿以来的物理学家们，由于遵从牛顿的警示“物理学家，要当心形而上学!”，一般地都对纯粹思辨的形而上学研究持拒斥态度。这种思潮到了以孔德为代表的实证主义和后来的逻辑实证主义阶段，因为把形而上学命题当作无意义的予以拒斥，从而导致康德所明确地提出来的未来的科学的形而上学似乎成为不可能了。而数

学家出身的怀特海，却根据他对相对论、量子力学、生物学和生命科学等现代科学的研究以及对几何学和代数的研究，进而通过对科学的形而上学的研究，自觉地高扬起思辨形而上学的大旗，试图完成康德哲学的遗愿，在西方哲学史上第一次尝试建立一种科学的形而上学，这是非常难能可贵的。而自然哲学研究正是这种科学的形而上学研究的必经阶段和逻辑中介。倘若没有怀特海早年对自然哲学进行的自觉探讨，就不可能有他后来独辟蹊径地创立过程形而上学理论体系或有机形而上学理论体系的结果。这也许是怀特海自然哲学转向的重大意义之所在。

最后，怀特海的这一自然哲学转向及转向之后的科学哲学研究成果，对我们今天深入进行自然哲学研究或科学哲学研究，并在此基础上进行科学的形而上学哲学研究，仍有重要的启发。时至今日，尽管有后现代主义哲学尤其是建设性后现代主义哲学对反形而上学思潮的批评，形而上学作为第一哲学的地位和作用则仍然没有得到应有的重视。形而上学作为一个学科距离康德所希望的未来的科学的形而上学显然仍有很大距离。在多数人的观念中，“形而上学”仍然主要地被看作“玄学”。同时，怀特海的自然哲学研究或科学哲学研究对我们今天深入进行社会主义生态文明建设的哲学基础理论研究也有重要的方法论意义和启示。从某种意义上可以说，若没有对自然界的根本性质和自然知识理论的深入系统的哲学研究，生态文明理论研究就缺少坚实的自然哲学和生态哲学基础。怀特海有机哲学被柯布博士称作生态哲学，应当说是恰如其分的。如果说生态文明建设确实是中华民族永续发展的千年大计，不是我们应对环境危机和生态灾难的权宜之计，那么我们正在进行的社会主义生态文明建设确实需要这样的生态哲学作为自己坚实的哲学基础。

参考文献

1. 《马克思恩格斯选集》(一至四卷)，北京：人民出版社 2012 年版。
2. 【美】维克多·洛著：《怀特海传》(第一卷、第二卷)，杨富斌、陈伟功译，北京：商务印书馆 2018 年版。
3. A. N. Whitehead, *An Enquiry Concerning the Principles of Natural Knowledge*,

Cambridge at the University Press, 1919.
4. A. N. Whitehead, *The Principle of Relativity with Applications to Physical Science*, Leopold Classic Library, Cambridge at the University Press, 1922.
5. 怀特海著:《自然的概念》,张桂权译,北京:北京联合出版公司 2014 年版。
6. 怀特海著:《过程与实在》(修订版),杨富斌译,北京:中国人民大学出版社 2013 年版。
7. 习近平:《习近平谈治国理政》(第一卷),北京:外文出版社 2014 年版。
8. 陈宗兴主编:《生态文明建设》(理论卷和实践卷),北京:学习出版社 2014 年版。

第二章 作为数学物理学家的怀特海

汉克·基顿(Hank Keeton)著,[①]杨富斌译

一、怀特海自然哲学研究的学术背景

为了深刻把握怀特海对数学和物理学的参与深度,我们首先需要详细了解他的研究工作所处的具体背景。

1880 年怀特海进入剑桥大学三一学院学习,并在随后 30 年间继续在那里从事一切社会活动。他的传记作家维克多·洛(Victor Lowe)在其出版的《怀特海:其人及其著作》(WM&W)一书中,对怀特海一生的生命历程做了综合描述。我非常感激他对其他地方关于怀特海没有记录的许多传记细节做了详尽的说明。在怀特海进入三一学院的早期生活中,他师从尼文(W. D. Niven)教授学习数学。尼文教授原是克拉克·麦克斯韦(Clerk Maxwell)的学生,其在麦克斯韦之后于 1871 年来到英格兰,并于 1873 年出版了他所著的《论电和磁》一书。也许正是在尼文教授的影响下,怀特海选择了麦克斯韦的论著作为他在 1884 年申请理事职位的论文。就在那一年,怀特海被任命为特别数学导师,即给其他学生做个人指导——这个职位的任命不仅标志着他在数学方面的地位,而且标志着许多人梦寐以求的一种荣誉。这个导师职位使他在三

---

① 汉克·基顿(Hank Keeton),美国学者,他与蒂莫西·E. 伊士曼(Timothy E. Eastman)合作主编了《物理学与怀特海:量子、过程和经验》(*Physics and Whitehead: Quantum, Process, and Experience*)一书。本章原载此书。

一学院获得了 1885—1886 学年助理讲师的任命,并且在三年以后他便获得了全职讲师职位。在这个职位上,他一直干到 1910 年离开剑桥前往伦敦。

正是在剑桥三一学院的这些岁月里怀特海形成了自己的学术路线,并且这些岁月有几个明显特征。首先,在作为学生时,他是由皇家学会会员劳思博士(E. J. Routh, FRS)担任"教练"训练出来的,劳思是那"一整代剑桥数学家"(WM&W, 98)的伟大数学教练之一。怀特海还有机会邂逅了 19 世纪 80 年代伟大的英国数学家亚瑟·凯利(Arthur Cayley),并与之有过深入交谈。我们不大清楚的是,怀特海是如何开始学习赫尔曼·格拉斯曼(Hermann Grassmann)的著作的,但是,在 1883 年怀特海就在剑桥首次开设了关于格拉斯曼的"广延计算"(Ausdehnungslehre)的课程,并且这一理论成为他的数学和符号逻辑著作的基础。"n 维空间的一致理论,像格拉斯曼的理论一样,由于使用了超越三维几何的理论,当时这种观念还没有到来。怀特海在 1887 年的讲座(1887—1888 年)和 1890 年关于广延计算的讲座里特别关注了它的应用(WM&M, 154)。重要的是,怀特海此时已经把格拉斯曼的数学进展直接地应用于关于物理世界的研究。到 1898 年怀特海出版其第一部重要著作《普遍代数论及其应用》(UA)时,他因为几位著名数学家为他的著作提供了基础而感谢从 1844 年到 1862 年这两个年代间在数学和逻辑学方面的迅速发展:格拉斯曼的著作《广延计算》(1844,1862 年),威廉·R. 汉密尔顿(William R. Hamilton)的著作《四元数》(*Quaternions*, 1853 年),以及乔治·布尔的著作《逻辑的数学分析》(*The Mathematical Analysis of Logic*, 1947 年)和《符号逻辑》(*Symbolic Logic*, 1859 年)。正如怀特海所述,"我随后关于数学逻辑的全部工作都起源于这些资源。"

怀特海在符号逻辑上的这些发展,其应用还攀上了麦克斯韦之星:

> 我们可以想象到,要么是在怀特海写作其关于麦克斯韦研究的理事论文时,要么是在那之后不久,在他脑海里出现了一种强烈的欲望,这就是最终要弄清物质(被认为是电,并且也许包括以太)和

> 空间的关系——换言之，弄清电磁物理学与几何学之间的关系。但是，在怀特海的宏大工作计划中，首要的任务则是要详细地探究抽象的数学观念系统，这已经被以各种方法符号化了，并且被应用于物理学。（WM&W，156）①

这个宏大工作计划中的“首要的任务”通过1898年的专著而成为公开的了。

二、《普遍代数论》在怀特海思想发展中的地位和作用

《普遍代数论》的意义无论如何高估都不为过：怀特海从1891—1898年在这一部原计划有两卷本的著作的第一卷上连续工作数年，孜孜不倦地探究了与“普通代数密切相关的各种各样的符号推理系统”。（WM&W，190）理解他的意图的关键之一在于标题中的后一部分——“及其应用”——在参考文献中这一部分经常被省略。怀特海的意图在于把由此而导致的逻辑体系系统化，并把其扩展和应用于这些公式有可能提出或显示新洞见的领域。他的空间关系指向是最直接的应用实例，并且他在这种新的抛物线和双曲线几何学中寻求的一般化在紧随这部著作出版后的那些年间变得更为清楚明显。怀特海对这一卷的组织显示了他的很多潜在意图。这一卷分为几个部分，第一部分是引论；第二部分则致力于解决“符号逻辑代数”，他在其中探讨了布尔代数对空间区域的应用；第三部分为“位置流形”（Positional Manifold），探讨了非度量的n维空间性；第四部分考察格拉斯曼的观念，意在把这些观念应用于第五部分中的“力”（同样是非度量的）的概念；第六部分扩展了广延计算，并且把它应用于椭圆、抛物线和双曲线几何学；第七部分把它们应用于欧几里得3维空间，同时考察了弯曲平面，和拓扑转换线索的一般化。

此书是怀特海的第一部重要著作，并且他在这部著作中已为自己的

---

① 【美】维克多·洛著：《怀特海传》（第一卷），杨富斌、陈伟功译，北京：商务印书馆2018年版，第187页。

理智生活方面的工作确立了基调。《普遍代数论》的符号逻辑不是被理解为数字符号的逻辑，而是表示一致的和综合的体系中那些有关联的元素的过程。这个体系被扩大为超越其自身在代数系统中的直接焦点，其意图是将它应用于更广泛的经验范围。《普遍代数论》第一卷是他在1903年当选皇家学会会员的依据。这部代表著作，加之他提交给《美国数学杂志》的两篇论文，使他在1905年荣获三一学院颁授的理学博士学位。在完成第一卷之际，怀特海立刻开始第二卷的工作，并在1903年之前进一步对所有新旧代数进行了比较研究，此时部分的原因与他同伯特兰·罗素的合作有关，他搁下了这部未完成的著作。现在已找不到这部著作的手稿了，很有可能这些手稿已经遗失了。在这个时间内，罗素和怀特海开始了他们长达十年之久的合作研究数学的逻辑基础的工作，即《数学原理》(PM)。这部著作是试图努力地把所有的已知数学用皮亚诺(Peano)和罗素的逻辑符号公理化。1931年，库尔特·哥德尔(Kurt Gödel)做出一个著名的证明，表明了基于数论的任何公理系统其基础都是不完备的，他把《数学原理》用作他的主要例证。与许多流行的评论相反，哥德尔的证明并不是反驳了怀特海和罗素的著作中的任何命题，实际上它只是表明了若使用他们所用的严格的公理化方法，他们在该书中所宣称的目标是不可能获得的。《数学原理》第四卷的意图是集中讨论几何学，主要由怀特海来撰写，但是如同《普遍代数论》第二卷一样，这部著作最终并没有完成。

在《普遍代数论》中，非常清楚的是，从一开始这种新代数的纯粹性质并不是怀特海唯一感兴趣的内容。他想探讨的是这种新代数在物理世界中的应用，并且对怀特海来说，这就是指几何学和物理学。他把符号逻辑用作概括和解释的工具，寻求的是在代数和物理世界之间可获得的那些广泛的联系。后来，他就用这些同样的方法去探究物理学和哲学的元素，永远是在寻求经验世界的这些方面的内部及其之间最一般的基础层次。在从事这一系列项目的研究工作长达二十多年以后，在1912年，怀特海在申请伦敦大学学院应用数学教席时宣称，“在过去二十年间，我一直在从事一项宏大的工作计划，包括从逻辑上审视数学符号论和数学观念。这项工作起源于对电磁学的数学理论的研究，并且永远地把对于物质和空间的关系的一般审查当作其终极目的。”（WM&W，155—156）虽然《普遍代数论》第二卷最终没有付印，但其背后的工作，以及其中蕴含的观念，确定无疑的并没有消失。相反，怀特海在1905年给伦敦皇家学会宣讲了一篇论文，这篇论文与尚未出版的《普遍代数论》第二卷所宣称的目标具有极大的相似性，但是其中应用的却是几何学。这篇论文的标题是“论物质世界的数学概念”（MC），在其中怀特海提出一个概念框架，并具体地建议要把这个体系扩展和应用于电磁学和引力定律，使用的是线性代数和汉密尔顿的四元数，尤其是符号之间的乘法关系可能与此相关，并且不一定是可交换的概念。这里有一种感觉是，这篇论文实际上是《普遍代数论》第二卷的影子，这不只是因为其内容与这个项目相似以及其外表十分相近，而且它从怀特海的理事资格论文到《普遍代数论》第一卷的自然的进步，从他在这个非常复杂的著作中所采取的步骤上进一步得到了证实。30多年以后，在出版了其重要哲学著作以后，怀特海向维克多·洛坦承，他认为“论物质世界的数学概念”（MC）是他的最好的著述之一。

三、“论物质世界的数学概念”的开创性意义

“论物质世界的数学概念”（MC）在怀特海思想概观中具有开创性地位。在这篇篇幅不长的研究报告中，他在数学、物理学和哲学中埋下的种子将会在其生命的整个其他部分中结出成熟的果实。这些种子牢固地植根于符号逻辑之中，这是他的主要研究方法，并且“论物质世界的数学概念”（MC）一文清楚地表明了他的观念具有不断演化的特点。虽然在他的著作中他使用了时间的瞬间（instants）概念，这个概念在其数学表达上似乎是古典的，然而非常明显，那时他已经提出了概念V，并且他以复杂得多的方式把这个概念理解为空间与时间之间的关系；也就是说，他所使用的概念已经不是由牛顿理论中所给予它们的那种绝对性质来定义的了。1905年在其他方面也是好事迭出，因为爱因斯坦也发表了两篇论运动物体的电动力学的论文，这是受到了麦克斯韦论电磁学著作的激励。这些论文构成了爱因斯坦狭义相对论的基础，对此怀特海以

他自己的方式做了解释，从同样的激励出发，但是遵循了不同的进路。到现在为止，当我们分析怀特海在数学物理学中的作用时，我们将把焦点集中在他 1905 年的研究报告上，以及在他后来的著作中发挥关键作用的其最精彩的方面。①

> 这篇研究报告的目标是要开始对构思**物质世界的性质**的各种可能方法进行**数学探究**。这篇研究报告关注的是与终极存在的空间之间的可能关系，它们（在日常语言中）构成了空间中的“材料”（stuff）……为了看到物质世界中存在着变化，这一探究必须如此进行，以便引入抽象形式的时间观念，并且提供速度和加速度的定义。

① 我坚持的这个立场是与维克多·洛和其他人相反的。参见《怀特海传》第 301 页注释 16。维克多·洛参考了怀特海在 1911 年 9 月写给罗素的一封信，在这封信中怀特海特别地陈述道，“这个观念突然地闪现在我的脑海里，即时间完全可以用像我现在处理空间的那种方法来处理……其结果就是时间的关系理论……在我看来，它克服了所有的旧有的困难，并且尤其是消除了时间的瞬间……”但是维克多·洛在此之后讲了一个非常奇特的报告，即在 1965 年他与罗素的谈话，其中说道：“我问道怀特海是否像他本人一样在他们的合作早期也偏爱绝对的空间和时间理论。‘不’，他回答说，并且补充道，‘我认为他天生地是一个相对主义者’。”（WM& M，299）这个确信也是本作者完全同意的。怀特海是在用符号说话、思考和写作的。与这些符号相联系的意义不是数字的；这种意义也不是简单的。如果他没有陈述这些符号的充分的意义，那么创造这些意义就是我们自己的推测。几乎不可能认为像他的心灵这样，如此彻底地沉浸于扩大同逻辑、几何和空间关系概念，会把时间孤立地当作这些一般概括的例外。怀特海在评价精确的概念（I 和 II）和线性概念（III，IV 和 V）之间的区别（在《论物质世界的数学概念》中）时，关于概念 III（导致概念 IV）说道，“这个概念保证了其自身是唯一借助于运动来说明物质世界的。‘运动是物质的本质’实际上是 19 世纪某些著名物理学的格言。但是这个概念应当相当严格地以字面意思来理解。客观实在的一部分与另一部分之间，除了运动的差异之外，没有什么绝对的东西能区分它们。‘微粒’将是客观实在的运动的某种特殊性存在和持续于其间的体积。”（MC，31）“事实上，当我们考察运动时，可以发现一个瞬间的点一般地说并不同于另一瞬间的点，这不是在概念 III 的意义上它们是具有不同关系的存在，而是在它们是不同的存在意义上它们是具有不同关系的存在。”（MC，33）怀特海是在努力地弄清物质在与时间和空间的关系中被相当一般化后，其在概念上的细节，并且他的形式主义，以及他的描述，给出清晰的证据，表明了这些复杂关系之间的不同，其逻辑是他的物理理论的依据。他在这种形式化中使用了时间的瞬间，这个事实不是，或者不应当是，覆盖给速度和加速度的定义提供依据的微粒的不同。在《自然知识原理研究》（PNK，1919）中这些微粒是持续性的先驱者。这些种子植根于逻辑分析之中，只是解释性的体系要求进一步澄清；就像 1911 年 9 月给罗素那封信中所说的那样，即在提出这个研究报告仅仅六年之后。宣称时间的关系理论没有出现在《论物质世界的数学概念》（MC）一文中就会丢失这项工作的结构和方向。坚持任何一种孤立立场都没有学术依据。对该过程的承认就足够了。

这里所讨论的一般问题纯粹是为了其逻辑上的(即数学上的)兴趣。(MC)

在怀特海著作中的这个阶段一开始,他就告诉我们,在他的著作中,有一种"更大体系"的进步,他还给我们讲述了这些进步的某些有趣的细节。他此时要把这个项目的范围具体地扩展到"物质世界的性质"方面,使用的是空间和"终极实在"之间的**关系**逻辑。显然,他所谈论的是**物质**,但是同时我们必须理解,对他来说,在符号逻辑中所使用的符号并不只是**意味着物质**。他意在遵循**材料**之间的空间**关系**的符号逻辑,而不管那种**材料**是什么。这对他后来的著作是至关重要的,因为我们在"论物质世界的数学概念"(MC)中看到了从作为材料的点到作为材料的"线性实在"的逻辑进展,并且最后以"线性的客观实在"(向量)到达了这篇研究报告的末尾。接近于对运动、速度和加速度的定义,它们将会以新阐述的电磁定律和引力定律出现。使用符号逻辑作为主要工具来探究物质世界,确实值得赞许！质量和能量不是假定的,而是从这些线性的客观实在之间的关系中获得的。(重要的是,要避免术语混淆,不要把怀特海的意图置换成客观的通常哲学定义。这里的"客观的"是指"可经验的",并且后来将会在《过程与实在》第四部分中的广延-拓朴体系中用于经验的"主体性"形式。)

当怀特海把1905年这篇研究报告的工作加以扩展,并且在1922年在《相对性原理及其在物理科学中的应用》(R)中推导出他自己的相对论规律时,他说道:

> 最终所达到的测量公式是(爱因斯坦的)早期理论的那些公式,但是**归之于代数符号的意义是完全不同的**……我的推导是,我们的经验要求并揭示了**一致性的根据**,并且在自然界中,这个根据把自身展示为**时空关系的一致性**。这个结论完全地切掉了这些关系的因果性的异质性,而这在爱因斯坦后期理论中是本质性的。(R. v.)

这并不是指时-空是**一致的**，而是指构成时-空的那些**关系**是一致的。对此，在1922年之后的那些年代里，以及在现在这一卷中的某些章节中，还会有很多说明。

这个提前叙述的1922年意在帮助确定一个理解怀特海向物质世界演化的舞台，并且这种指向的特殊兴趣有可能对今日的物理学和哲学家来说也是如此。在“论物质世界的数学概念”(1905年)中，他把自己的研究事业从代数扩展到更大的轨道，并且尤其是在从事几何学研究，这是他的主要智力兴趣之一。在同时，他的研究范围甚至比几何学所能包含的范围还要大。他断定，他的意图在于说明**物质世界中的变化**是客观存在的，并且要提供速度和加速度的定义。重要的是要理解，虽然他使用符号逻辑记号并不是要以不同于**瞬间**的形式来证明时间，但是，要得出结论说他所指向的时间是严格的经典时间，而不是关系的时间，则是对其整个项目的片面把握。

这个1905年研究报告大纲可谓言简意赅，内容丰富。怀特海确认了他试图探究的五个概念，前两个概念表示经典的物质世界概念，而后三个概念则在逐步地探究现实的变化世界。他从一开始就提醒读者，他的意图不是局限于在这类探究中通常所提供的那些术语的特殊意义。例如，他借用莱布尼兹的空间相对性理论，指出

> ……根据这里所给出的狭义的定义，它不是关于物质世界的概念。它只是表示可能代替经典概念的那些概念……是个更广的观点，它提出了一种反对意见，即把客观的实在类分为两个部分，一部分是(经典概念的空间)**基本关系**的领域，它在其自己的领域中不包括时间的瞬间，而另一部分(粒子)只是占据着不包含**时间的瞬间的基本关系**领域。在这个意义上，它反对**排除宇宙的任何部分的变化**……这个理论……从来没有以精确的数学概念的形式得以实现……我们的唯一目的是展示一些概念，这些概念与目前认为是与我们的感官-知觉真正有关的某些有限数目的命题完全一致的。(MC, 14)

他的意图是跟随莱布尼兹的路线，找到那些与时间不可分的一类客观实在，它们起源于包含该类的基本关系，并且以精确的数学形式化来表达这些客观实在及其关系，这种形式化可准确地说明感官知觉世界中的变化。

概念 I 表示经典概念，这些概念的客观实在是**空间的点和物质粒子**。这个概念的本质关系(R)具有作为其自身之领域的经典的空间的点，并且是具有独特秩序的最小的三个点之间三个一组的点。但是，我们必须说明这个空间中的变化，因此这些客观实在的第二个区分就创造出来了，即是由能动的物质粒子所构成的区分。随后，某种外部关系被推导出来，借此空间中一个单独的点、一个单独的粒子和时间的单独的瞬间就联系起来了，并且这些关系是唯一的。“物质的不可入性由下述公理得以保证：两个不同的外部关系不可能使时间的同一瞬间与同一个点相关联。**经典的一般动力学定律**，和**所有的特殊的物理定律**，都是关于这一类外部关系的属性的公理。因此，这个经典概念不仅是二元论的，而且不得不承认有许多外部关系，就像有这类粒子的成员一样”(MC,29)。即使所有的外部关系都可被通过分组而成为一类，就像占据空间点的粒子之关系一样，关于这个类所导致的公理也将是单独的占据公理和“物理定律是这个单独的外部关系 O(占据)的属性。”(MC, 29)他的论证的结构，甚至在这个研究报告一开始，就清晰地证明了他的直觉，即这些关系构成了那一类物理定律由之而产生的物理经验。

概念 II 是概念 I 的一元论的变体，其中的**粒子**概念被消除了，并且我们“把这种外部关系转变为空间的点与时间的瞬间之间的二元关系……最初引入‘物质’的理由无疑是为了**给予感官某种可被知觉到的东西**。如果**关系能被知觉到**，这个概念 II 就会比经典概念具有各种优势”(MC, 29)。随着怀特海在其研究中的进步，某些非常微妙的步骤出现了。正是在这里他引入了如下概念：**关系**可能是终极的**知觉客体**，但是由于这个探究是严格的数学-几何学的，他不会暂停下来去审查这种建议的结果。这样一种充分的审查事实上在 25 年后的《过程与实在》之前不会以系统的方式出现。

概念 III 是要努力地把动力学与前面的概念相结合，并且抛弃对运动的点的偏见。这个概念的本质关系(R)成为四阶张量,即三个客观实在和一个时间瞬间。由于怀特海的探究聚焦在几何关系上,这些实在可能被认为是相关的点或者相关的线,因而他能从三个相交的直线中推导出运动轴,并且据此能定义速度和加速度。他没有使用任何经典的公式来完成这些结果,只把自己限制在逻辑形式化和几何学上。"这个概念优于概念 I 和概念 II 的地方在于,它把那一类外部关系归之于唯一的一个成员……这个概念借助于唯一的运动保证了其自身可以**说明物质世界**"(MC,31)。怀特海根据这个概念获得了可说明"运动中的相同客观实在"的持续性的两个变量,以及单细胞的"运动的连续性",创造了客观实在的相等定义。

到此为止,怀特海所完成的东西就是关于空间、物质和时间的经典概念的形式化,只是运用了符号逻辑和欧几里德几何学。但是,他的目的在于审查变化的世界上物质和空间之间的可能关系,并且他不满意于经典阐述的局限性。在概念 IV 中,他引入了一个复杂体系,并以存在**一个区域内的相交**,以及这种相交的次序来定义这些存在。他称这些"点"是相交点,不要同欧几里德几何学中两个相交的线上共同的"点"这个简单概念相混淆。"相交点理论依赖于关系中的'位置的相似性'理论"(MC,35)。在这个概念中的本质关系是五个一组的(pentadic)关系,有一个时间的瞬间和一个客观的实在与唯一次序中的另外三个客观实在相交。在这种点-序(point-ordering)关系中,怀特海从平面几何学转向了投射几何学,并且通过相交点的次序关系而定义了相交点的类。他获得了这个概念的两个版本,即二元变体的 IV-A 和一元变体的 IV-B。为了确定怀特海的物理学背景阶段,重要的是要注意到,这个概念确立了那些存在(相交点)的关系,它将会服务于他后来递交给在巴黎召开的数学哲学第一届大会的论文目的,这篇论文的标题是"空间关系理论"(RTS),其中点相交的概念被扩大为更为一般的包含(inclusion)概念。对 1905 年这些概念来说,最重要的是它们的逻辑一致性和对感官知觉世界的应用性。"有必要假定在这个概念(IV)中点的整体性瓦解,并且一般地从瞬间到瞬间是可持续的。"因为如果不是这样,唯一可能的连续运动就将是可由线性的坐标转换来表示的;并且似乎不可能的是，感官知觉可以由这种受到限制的运动类型来说明”(MC，43)。

概念Ⅴ引入了至关重要的维度概念，它是由线性的客观实在的类属性来定义的。这些属性(或者维度)起源于几何关系，并且会以日常语言中不常用的方式存在。例如，怀特海根据具有特殊属性的类和类的子类来推出“平面”(flatness)。他的平面定义事实上不适用于经典意义上的三维空间，但是它的逻辑结构在应用于不同于平面的属性时能进行不同的转变。“正是平面的这种独特性标志着共同-子区域理论在几何学中的重要性”(MC，45)。这个概念是要努力地定义区域，和这些区域中的作用，并同样以几何关系为基础。由投射几何学所产生的洞见构成了他的论证，并且关系的次序证明了关于拓扑关系的直觉，这是怀特海或其他人都还没有系统地加以形式化的。在这个研究报告中，这个最高概念使用的是“相交点理论”“维度理论”和相同(homaloty)的唯一属性(类似于一类精确线的平面)，以定义线性的客观实在，它们是现实存在的先驱者和他的成熟宇宙论中的事件。这个概念Ⅴ中的“几何学”所包含的内容大于概念Ⅰ中的几何学。因为在概念Ⅰ中，几何学只能处理点、精确的线和精确平面；但是在概念Ⅴ中，几何学除此以外还考虑了客观实在的关系(它们全是“线性的”)和相交点与上述存在的关系。在这一方面，概念Ⅴ中的几何学和物理学要比概念Ⅰ中的几何学与物理学更加“融合为一体了”(MC，69)。

显然，怀特海在1905年这篇研究报告中对他的“更大体系”做出了具有重大意义的推进。如果它在事实上是《普遍代数论》第二卷的“影子”，那么它就显示了在那时无与伦比的创新深度，即把这种新代数与非欧几里德几何学以前所未有的、从来无人探索过的方式联系起来了。它是一个更大愿景中的一步，它会继续展示在其使用符号逻辑来探究几何学的解释性过程中，并且不依赖于实验材料就推导出了物理定律。他对这个努力的总结是规定了理解电子的三个特征，并推测了与之同时存在的力的情形。“在这个阶段所需要的是关于客观实在的运动和与之相关的电子点和电子运动的某个简单假设。根据这个假设，**全部电磁和引力定律**可能会遵循着最大的简单性。全部概念关涉到构成宇宙的唯一一**类存在**的假定。‘空间’的属性和空间中的物理现象成为只是这种单一类存在的属性而已”(MC,82)。

四、《投射几何公理》和《描述几何公理》

1906 年和 1907 年,怀特海出版了两本几何学著作,即《投射几何公理》(APG)和《描述几何公理》(ADG)。他在这两部著作中把他在“论物质世界的数学概念”(MC)一文中所探讨的许多定义、公理和命题都形式化了。这两本著作旨在放在一起阅读,作为对于在 1905 年研究报告中所探讨的点序关系的细节加以扩展的分类体系的两个部分。投射几何学产生了封闭系列的序列关系,而描述几何学则产生了开放系列的序列关系。这两本篇幅不大的著作在性质上是更为数学的,而在论述的范围上则是较少论述哲学的,但是它们表明了这些早期概念以系统方式的发展。我们应记住,在这同一个时期,怀特海和罗素正在合作撰写他们的长达十年之久运用符号逻辑探究数论的、且把数学形式化的工程。虽然有哥德尔 1931 年不完全性定理,他们根据类和类的属性对《数学原理》的工作继续影响了他们随后的著作。

怀特海的观念进步在《空间关系论》(RTS, 1914 年)中采取了另一种形式,扩展了《普遍代数论》和“论物质世界的数学概念”(MC)之间的联系,创造了一个强有力的观念网络,预示着怀特海不同的哲学时期的来临。在《普遍代数论》(UA)中,怀特海使用符号逻辑来探究欧几里德几何学和非欧几里德代数的基础,把符号逻辑应用于扩展了的空间区域。在“论物质世界的数学概念”(MC)中,他继续从事这项研究,即通过把符号逻辑和代数相联系,根据扩展了的空间体积之间的关系,在投射几何学和同步点(cogredient point)(在无穷远处)的坐标轴中达到顶点,来探究关于平面的、椭圆的、双曲线的和抛物线的几何学。他还以其对广延体积的点序关系的解释而打开了拓扑学的大门。“论物质世界的数学概念”(MC)表征着他的广延理论的进步(在《空间关系论》中得到进一步发展),并且也是他努力地想要推导出速度和加速度的恰当定义,以便说明物质世界中存在着**变化**。考虑到怀特海在其关于**瞬间**的唯一表征和**瞬间**之间的不同的探究中就包含着**时间**,看来,非常自然的是,在全部进步中他已经开始把时间看作具有**广延性关系**的要素，这类似于他一直在关注的空间。怀特海对**关系**的自然偏好承载着每一个期待，即在其发展的某个阶段，**时间的广延性质**将会不管怎样都要包含在他的探究范围之内。并且实际上，在 1914 年的《空间关系论》(RTS) 中，就已经显示了他通过引入作为**流逝**的时间对物质进行思考。“根据普通的物理学，产生于物理客体之间的**变化关系**的知觉出现在**某种时间的流逝**之中”(RTS，3)。

时间的广延性问题并不像由不同主体所经验到的**时间的流逝之间**那样有明显的**不同**(同时性问题)。“时间的实在问题是日常的时间对于完全明显的世界**独立于**各种知觉主体的直接表象世界的**不同时间**的构成问题”(RTS，5)。为了开始容纳**变化**的存在，他把广延的时间流逝看作是与空间体积相连接的或同时发生的，并强调了界限和边界概念。这种类型的**广延性**和**联系性**导致他把表面当作相交区域(根据《论物质世界中的数学概念》中的相交点)，并且推导出**包含**概念，使用的是更为明显的哲学语言，仍然伴随着符号的用法。这个概念，同部分-整体、可分性、连续性和界限的不同相结合，允许怀特海根据包含类明显地获得了**拓扑**概念。他获得了覆盖和 T 事件的关系，以此扩大了他的新的 T-空间概念。我们不知道的是，他为什么在这个著作中选择了变量 T，以不同于他的其他著作中的方式来应用它，但是它的暗示性可能不是严格一致的。怀特海最后宣称，他要在一部很快就要出版的著作(可能是《自然知识原理研究》，PNK，1919 年)中发展和扩大这些概念，由此他结束了这篇论文。

显然，怀特海对物理学的研究仍然牢固地植根于符号逻辑的运用，和以不同方式知觉到的空间、时间和物质的基本概念中。同样重要的是，我们要感谢他的探究中方法论上的一致性。他继续使用符号逻辑，而不是实验材料或度量维度值，来作为他的论证根据。我们将会看到，这种方法论特性构成了他的论述不同于爱因斯坦阐述相对性的根据。1915 年，怀特海提交了一篇论文，题目是“空间、时间与相对性”(STR)，在这篇论文中，他扩展了其关于广延空间和广延时间的**逻辑相对性**不断增长的概念，进一步发展了持续性和时间广延性的概念，并且一般地继续完善了**广延理论**。

完全彻底地考察他的逻辑概念,可能会显示何时在他的广延体系中他把运动的持续性与产生在时间广延性中的连续性连接起来。这发生在1914年至1919年之间的某个时间,因为通过《自然知识原理研究》(PNK),他非常清楚地谈到了“空间关系现在必须延伸至时间”(PNK,6)。不是**空间的性质**,而是适用于时-空的**广延性的性质**,在他的探究变得越来越哲学时推动着怀特海。在《自然知识原理研究》中那些观念正处于整体发展之时,怀特海参加了一次学术研讨会,主题是“时间、空间和物质:它们是科学的终极材料吗?如果是,那么在何种意义上它们是科学的终极材料?”(TSM)这是在1920年出版《自然的概念》之前。他参与了这次学术研讨会,这使他有机会提出了“创造性进展”术语,扩展了同步(cogredience)的投射拓扑性质,并开始根据“事件粒子”来谈论问题。广延理论也被表明包含着空间和时间问题的许多方面,这些属性在以前还没有被揭示出来。

五、《自然知识原理研究》和《自然的概念》

在《自然知识原理研究》和《自然的概念》(PNK-CN)中,怀特海继续着他从“论物质世界的数学概念”中就已经开始的工作,并且推导出作为一类**广延关系的全等**(PNK, 51),还扩展了他新提出的**事件理论**,使之包含了以哲学方式描述的投射拓扑关系(PNK, 59)。在每一步上,他的广延理论都在继续演化着,并且客体被描述为事件之间的**一类关系**。他开始提出**广延抽象方法**的形式化问题,这是直接从广延性(广延联系)的基本公理中获得的(PNK, 101ff)。他强调多种时间系统和持续性的存在,它们是根据广延理论应用于运动、连续性(点次序)和恒久性(PNK, 110ff)时出现的。怀特海获得了复杂的几何学,并最终完成了他的目标(在MC,第82节中陈述的),即从形式上推出适合于其自身当下形式的广延体系的运动定律。客体和事件被进一步加以区分,因果关系的类得以强化和扩大(PNK, 121)。《自然知识原理研究》和《自然的概念》(PNK-CN)共同充当了怀特海在《相对性原理》(R)中提出的形式相对论的入门性介绍。怀特海非常清楚地陈述了他的理论与爱因斯坦理论的不同，以及爱因斯坦所依赖的麦克斯韦-洛伦兹假定："……我们一定不要把**事件**看作是处于给定的时间、给定的空间之中的，并且是由给定的持续性物质中的**变化**构成的。时间、空间和物质是**事件的附属物**。根据旧的相对论，时间和空间是物质之间的关系；而根据我们的理论，它们是**事件之间的关系**"(PNK, 26)。"这种差异主要地产生于如下事实：我不接受(爱因斯坦的)非统一空间理论或者他关于**光信号的独特基本特性**的假定"(CN, vii)。"最终达到的度量公式是(爱因斯坦的)早期理论的公式，但是**归之于代数符号的那些意义是完全不同的**"(R, iii)。怀特海的相对论更多关注的是学术性，大意是说，其他类似理论可被归类为"怀特海主义类型的"理论。在努力地确立他在物理学中的背景时，他的理论的这一部分是对其自身而言的。

怀特海的著作在严格的数学和物理学之外的领域中激起了学者们的兴趣或灵感。他对数学逻辑的基本贡献，不管"论物质世界的数学概念"(PM)的形式结果有何种特征，都是不容置疑的。最近的著作，由于要求彻底地思考由罗素所修正的逻辑符号，已经对"论物质世界的数学概念"(PM)中第 89.16 节产生了新的洞见，由此弥补了数学归纳法，并扩展了怀特海和罗素的著作的适用性。在一个历史性的评论里所列出的问题中，保罗·施密特(Paul Schmidt)对许多问题有一个精确的总结，他把怀特海有机哲学对自然科学有哪些意义的范围作了描述。

在科学领域，(有机哲学)提供了

(1) 因果联系的本体论根据；

(2) 物理学中的矢量和(张量的新定义)的根据；

(3) 能量概念的基础；

(4) 对自然界的量子特性的解释(参见第 7、9、13、17 章)；

(5) 对震动和频率的解释；

(6) 归纳的基础；

(7) 时-空关系理论(参见第 12 章)；

(8) 静止、运动、加速度、速度和同时性概念的根据(参见第 12、

13章)；

(9) 对几何学与经验之间的关系的说明；

(10) 关于有机体的生物学概念和关于社会的社会学概念的基础。

在这些主题中，有许多主题已经由怀特海解释者们深刻地探讨过了，并且他的著作继续激励着人们从新的视角对如何理解它们进行探讨。

沿着施密特的上述观点(4)的路线，小亨利·J. 福尔斯(Henry J. Folse)在1974年写道："我们可能会问，对过程哲学和量子论之间在未来会发生何种密切关系，我们有什么预知？哥本哈根解释近些年来受到许多批评，其中许多批评的力量来自于诉诸机械唯物主义本体论。看来，哥本哈根解释和过程哲学将会在任何反对复活的实体唯物主义的斗争中结成良好联盟。"①本书读者将会从不同视角了解到怀特海与量子论相关联的这个估计。他的相对性-引力概念依然会给当前的理论家提供激励。在研究怀特海的理论时，爱丁顿(Eddington)在一个以前未知的史瓦西度量标准(Schwarzschild metric)形式上马失前蹄，因而这个形式是在1960年克鲁斯卡尔(Kruskal)著名的非奇异系统之前整整36年就被发现了。在1989年的论文中，海曼(A. T. Hyman)描述了这个发现的冲击，他说，"因此，远非是一位晦涩哲学家的无用遗物，怀特海的理论对过去三十年间引力研究的进步实际上是有重大意义的贡献。"②即使在最近，约阿希姆·施托尔茨(Joachim Stolz)还在1995年撰写了《怀特海与爱因斯坦》③一书，罗伯特·瓦伦扎(Robert Valenza)在《过程研究》杂志上对该书发表了书评。这个评论强调了施托尔茨对重建怀特海哲学具有重大意义的贡献。瓦伦(与格兰维尔·亨利(Granville Henry)

① 小亨利·J. 福尔斯(Henry J. Folse)："量子理论的哥本哈根解释与怀特海有机哲学"，《杜兰哲学研究》，过程哲学研究I，第xxiii卷，第46—47页(Tulane Studies In Philosophy; Studies in Process Philosophy I, vol. Xxiii(1974): 46 - 47)。

② A. T. Hyman, "*A New Interpretation of Whitehead's Theory*", in Il Nuovo Cimernto 104B, no. 4(1989): 389.

③ Joachim Stolz, *Whitehead and Einstein*: Wissenschaftsgeschichtliche Stuiden in Naturphilosphischer Abssicht, Frankfurt am Main: Peter Lang GmbH, 1995.

一起)有时是逻辑主义批评家，尤其是对《普遍代数论》和《数学原理》中显示的那种逻辑主义持批评态度，但此时他修正了自己对怀特海批评的某些色调，并称赞施托尔茨的主题，即在怀特海思想的发展中有一种深层结构，可证明某种**一般的协方差原理**(covariance principle)。这种解释可与关于对作为数学物理学家的怀特海的这个总结的大部分所构成的历史评论相并列。怀特海成熟的事件本体论的基础是应用于时-空区域的符号逻辑的功能性。施托尔茨提出根据这个洞见重建怀特海，这也许可激励许多人去探讨怀特海的复杂性理论所要求的环境。

毫不令人感到惊奇的是，**拓扑的不变性或恒定性**和诸如映射之类的其他属性，现在是根据一种新观点，即怀特海在其事业中所揭示的发展来看待的。信息论、认知场论和其他类似原理，也已经开始根据他的理论在进行一体化输入。

怀特海以符号逻辑和数学开始他的事业，并且当他把这些工具运用于物质世界时，他发现了**事件的关系场、事件的关系类和关系形式的突现拓扑学。怀特海关注的不是那些存在于时-空场中的客体，相反，他所关注的是构成或包含这些客体的事件。**他对物理学在19—20世纪中的概念进化所做的贡献——即由麦克斯韦、拉莫尔、洛伦兹、爱因斯坦和明可夫斯基所激发的贡献——就是其提出的方法加强了嵌入它们之中的质-能物体和事件或场之间新的平衡。**怀特海最终提出一种宇宙论，其中“客体-存在”和“事件-生成”深刻地和广延地联系在一起。**今天当代科学包含着生命系统和生态模式，而现代物理学则包含着或**体现着量子-相对现象和场论**。这些运动清楚地说明了对于**变化**和**恒定**的基本的新理解，预示着怀特海的过程愿景会继续产生丰硕成果。

第三章　怀特海自然哲学的发展及其时代意义

俞懿娴①

前言

在21世纪,探讨100年前当代哲学家怀特海的自然哲学或者自然科学哲学,无宁是很突兀的。虽然在西方文明史上,"自然哲学"一词具有开天辟地的意义;西方的哲学与科学皆肇始于古希腊人的自然哲学。直到17世纪,牛顿(1643—1727年)撰写他的万有引力学说时,采用的书名还是《自然哲学的数学原理》。但自那以后,"自然哲学"或者"自然科学哲学"的概念,由于逐步为"自然科学"所取代而日趋模糊,乃至最终丧失了它的意义。时至今日,大家对于"自然科学"一词朗朗上口,用以指称涵盖宇宙学、天文学、物理学、化学、生物学、动力学、热力学等等一切与自然现象有关的科学研究,却对"自然哲学"不甚了了。当代过程哲学奠基者怀特海,生活于19世纪末到20世纪初,在这科学狂潮席卷一切的时代,却逆势而为,重提"自然哲学",其原因何在? 非常值得细究。而我们在人类文明颠踬难行的此刻——在科学与技术持续主导之下,地球生态正面临毁灭性的崩坏——理解怀特海自然哲学的重要性,又是为

① 作者简介:俞懿娴,我国台湾地区东海大学教授,怀特海过程哲学研究专家。其早年留学美国,1988年获美国纽约哥伦比亚大学哲学博士学位。其主要学术专长为中西哲学比较、过程哲学、现象学、周易哲学、华严哲学、希腊哲学等。其在过程哲学研究方面的代表作有《怀特海自然哲学:机体哲学初探》,北京:北京大学出版社2012年版。

何缘故？

美国学者西格（Matthew David Segall）在《世界灵魂的物理学：怀特海有机哲学和当代科学宇宙论的关联性》[①]一书中，称怀特海的有机哲学可和当代科学宇宙论，包括相对论的、量子论的、演化论的以及复杂性理论的宇宙论进行对话，它们皆显示了传统的唯物论的机械性形而上学的不足——没有给生命和意识留下任何空间。他指出现代物理学和化学不再认为生物学的分子运动是无意义的，是最终可化约的；相反，它们是活生生的有机体组织，除了生物学之外，属于更大的、生态研究的范围。唯物论的机械论所主张的终极实在图像，是现代和后现代文明生态和社会经济危机的主要理由。西格认为，如果人类文明还有未来，就需要发展出新的实在性图像，而对人类文明而言，20 世纪仍然是充满战争和生态遭到严重破坏的世纪。他说，失调的科学发现以及惊天动地的科技发明，制造出原子弹和计算机芯片，文明思想的主要头脑都花在这些科技上，但却忽略了机械唯物论所造成的哲学不一致性的弊病。

西格进一步指出，唯物机械论的这种不一致性，盖源于它忽视了我们的自然理论知识和我们的伦理价值、艺术规划以及精神抱负的预设之间的和谐。他认为，现代科学唯物论乃基于人类意识与其所在宇宙之间的二分，而这正是现代科学宇宙论的致命缺陷。基于这种分析，西格肯定了怀特海的科学哲学对这种最广泛的二分法谬误的纠正。众所周知，怀特海早从自然哲学时期开始，便以“自然的二分”（bifurcation of nature）、“误置具体性之谬误”（the fallacy of misplaced concreteness）等理论，对科学唯物论即机械唯物论进行了批判。确实，现代科学牺牲了我们的直观所理解到的具体的、有机的现行宇宙，任由数学公式和机械模型所塑造的抽象知识所取代。而怀特海之所以从数学物理学走向全面发展的形上宇宙论，正是为了把这些被肢解的东西结合起来。西格引用怀特海的一句话说：“融贯性是理性主义神智清明的伟大防腐剂”，并再次重申，没有一致性就不会有宇宙论或者文明。

---

① M. D. Segall, *Physics of the World Soul*: *The Relevance of Alfred North Whitehead's Philosophy of Organism to Contemporary Scientific Cosmology*, Lulu. com, 2013.

西格所言甚是，可惜怀特海的哲学思潮对西方主流思潮而言，仍然只是涓涓细流，缺乏影响力和话语权。21 世纪继承了 20 世纪工业文明的不归路，从科学唯物论及其对抗者——主要是非理性主义和解构性后现代主义——衍生而出的科学主义、非道德主义和虚无主义，依旧大行其道。然而，值此全球性生态危机节节攀升，国际霸权主义、反全球主义与民粹主义日趋抬头，个人主义和现实主义相互为虐，世界文明的前景一片混沌之际，为了给作为"全球一家"和"永续生命共同体"理念的全球主义与世界主义奠定理论基础，有识之士们倍感重新阐释怀特海自然哲学的紧迫性和必要性。为纪念怀特海开启自然哲学的第一本著作《自然知识原理研究》出版一百周年，这里拟就怀特海生平与哲学发展、怀特海哲学要旨以及怀特海哲学的时代意义三部分，阐述怀特海自然哲学的发展及其时代意义。

一、怀特海生平与哲学发展

I-1　数学与逻辑时期

I-1-1　剑桥大学的学生与讲师

自 1880 年起，怀特海在英国剑桥大学三一学院攻读数学，1885 年成为三一学院理事（Fellow），并受聘为应用数学与机械学讲师。这期间，英国科学界除了深受达尔文（1809—1882 年）演化论的冲击之外，非欧几何、黎曼几何的出现，大大改变了传统欧几里德几何学的观点。物理学方面，麦克斯韦（Clerk Maxwell 1831—1897 年）提出电磁场理论，对"以太"(ether)给予新诠释（把"以太"解释为连绵不绝的光电作用）。1887 年，麦克尔逊（Albert Michelson）和莫雷（Edward Morley）所做的实验否证了"以太"的存在，同时也替爱因斯坦（1879—1955 年）的相对论铺垫了道路。这些科学思潮不断冲击着怀特海。1890 年，罗素（1872—1970 年）正式进入三一学院，根据他的描述，怀特海是一位极有知人之明的老师，能清楚掌握学生的程度与学习情况。罗素最常提及的一个例子，是当他在剑桥修怀特海开的统计课时，怀特海曾要他不必研读一篇论文，因为“你已经知道了。”①原来罗素在十个月前的奖学金考试中曾经用到其中的内容，而怀特海作为阅卷人竟能清楚地记得，这使罗素感动不已。

I-1-2　第一本著作《普遍代数论》

1898 年，怀特海出版他的第一本著作《普遍代数论》，并因此于 1903 年当选皇家学会会员。在德国数学家格拉斯曼（H. Grassmann）、英国数学家汉米尔顿（Sir William Rowan Hamilton）与逻辑学家布尔（George Boole）等人影响下，怀特海继承了莱布尼兹“普遍数学”或“普遍运算”的构想，提出了“普遍代数”（Universal Algebra）的理论。② 他对应用数学和几何学于描写具体时空之中的经验物质世界颇感兴趣，认为代数的演绎推论，可运用于一切追求严格精密思想的领域，乃至于可运用于外在经验；唯有哲学、归纳推论、想象与文学，是演算所不能及的，不在其列。在《普遍代数论》一书序言中，他说：“数学的理想在建立一个计算方式，来帮助我们对思想或外在世界经验进行推论，借以确认并精确地描述思想或事件的前续后继。除开哲学、归纳推论和文学想象，所有严肃的思想应当是由一种计算方式发展出来的数学。”③由此可见，在这个时期，怀特海不认为哲学和数学是一样的“严肃思想”。即使《普遍代数论》一书属于数学哲学的领域，怀特海在其中并没有表示出对真正的哲学或形而上学有任何兴趣。

I-1-3　第一篇科学哲学论文《论物质世界的数学概念》

1905 年，爱因斯坦提出相对论的同一年，怀特海发表了“论物质世界的数学概念”一文，批评“古典的物质世界观”——即科学唯物论把物质世界看成是由三类互不相干的事物：空间的定点（points of space）、

① Bertrand Russell，*The Autobiography of Bertrand Russell 1872-1914*，London：George Allen and Unwin Ltd，1967.

② 有关怀特海的《普遍代数论》与当代数理逻辑的关系，可以参见 Victor Lowe，“The Development of Whitehead's Philosophy”，and W. V. Quine，“Whitehead and the Rise of Modern Logic”，in ed. P. A. Schilpp，*The Philosophy of Alfred North Whitehead*，La Salle，Illinois：Open Court，1951；A. N. Whitehead，*A Treatise on Universal Algebra*，Cambridge：Cambridge University Press，1898。上面所举怀特海有关代数的著作，主要受到汉密尔顿的“四分数论”（theory of quaternions）、布尔的“代数逻辑”（algebra of logic）、以及格拉斯曼“广延论”（theory of extension）所影响。

③ A. N. Whitehead，*A Treatise on Universal Algebra*，viii.

时间的刹那(instants of time)与物质的粒子(particles of matter)所构成——这便是怀特海在后来经常批评的"简单定位"(simple location)概念。[①] 怀氏认为物质世界,事实上是由直线性(前后关联)的存在(entity)所组成的。直线性的存在,如矢量的"力",虽然可以凭藉空间中的"点"来描述,但是这种"点"只是它所衍生的性质。从这时起,怀特海反对科学唯物论的思想便开始萌芽了。他质疑空间的定点、时间的刹那、物质的粒子这些概念是否合乎逻辑,但是,此时这种质疑还是出于几何学的立场,而不是出于思辨哲学的立场。正如维克多·洛(Victor Lowe)所指出的那样,事实上在该文中怀特海是排除哲学讨论的;在谈到物质世界可能是"在人们感觉缺陷之下,永不可知的(客体)"时,他说:"这是一个与我们无关的哲学问题。"有关物质世界的数学概念形成的问题,"完全是为了逻辑或数学自身而被提出,与哲学只有间接关系,只是因为逻辑与数学能把物质世界的基本观念,从特殊偶性概念的纠缠中分解开来。"[②]由此可见,怀特海这时的主要兴趣,在于将几何学与这个变迁的世界相结合。虽然此时他已开始碰触到科学哲学的相关问题,但却未曾触及到形而上的思辨问题。

Ⅰ-1-4 与罗素合著《数学原理》

1911年怀特海离开剑桥大学,前往伦敦。一年后开始在伦敦大学大学学院任教。随后他与罗素合作,共同发展"符号逻辑",从1910到1913年之间,二人合著的《数学原理》三大卷陆续出版。[③] 这一时期怀特海的研究兴趣,主要还是代数与数理逻辑。

Ⅰ-2 自然科学哲学时期

Ⅰ-2-1 肯辛顿帝国理工学院的教授

1914年到1924年间,怀特海在英国肯辛顿理工学院教授应用数

① A. N. Whitehead, "On Mathematical Concepts of the Material World", in *Alfred North Whitehead: An Anthology*, selected by F. S. C. Northrop and Mason W. Gross, Cambridge, Mass., Cambridge University Press, 1953, pp. 13-15.

② Victor Lowe, "The Development of Whitehead's Philosophy", in *The Philosophy of A. N. Whitehead*, p. 44.

③ Victor Lowe, "The Development of Whitehead's Philosophy", in *The Philosophy of A. N. Whitehead*, pp. 34-38.

学。就在这时期，他的研究兴趣渐次由数理逻辑转移到自然科学哲学上了。怀特海最早符合一般称作“哲学”的著作，应自1915年起发表的“空间、时间、相对性”(Space, Time, Relativity)等有关认识论与科学哲学方面的短文算起。从这时开始，怀特海感到了形而上学的价值，他认为科学的研究不能减少我们对形而上学的需求，有关“可能性”与“实现性”之间的关系，尤其有赖于形而上学的研究，“科学甚至使得形而上学的需求更为迫切”。[①] 但是在这个时期，怀特海并无意于对形而上学进行研究。

I-2-2 直接经验说与反素朴经验论

怀特海认为一般科学研究者往往从常识经验的立场出发，认为科学处理的客体，就是感官知觉在特定时空中产生的直接经验(immediate experience)，殊不知，所有的知识均由观念组成，科学知识亦然。因此“说明这个世界和确定的经验感受之间的精密关联，正是科学哲学的基本问题。”[②]这里显然可见，怀特海采取了传统的英国经验论，以直接经验感受作为研究的起点。不过在这个阶段，怀特海的“知觉论”肯定思想能组织经验，反对休谟(1711—1776)的素朴经验论，已是很明显的了。于是怀特海早期“应用数学、几何学的模型以描写自然世界”的构想，进一步地与哲学认识论和自然科学哲学结合，《自然知识原理研究》等三本有关自然科学哲学的著作，正是这方面努力的成果，也是有机哲学发展的第一个阶段。

I-2-3 自然哲学三部曲

1919年怀特海出版《自然知识原理研究》一书，[③]并以此书纪念他的三子艾瑞克(Eric Alfred Whitehead)在第一次世界大战时作为英国空军飞行员为国捐躯。1920年，他又出版了《自然的概念》，[④]1922年出版

---

① A. N. Whitehead, *The Organisation of Thought Educational and Scientific*, *London: Williams and Norgate*, 1917, p. 190.

② A. N. Whitehead, *The Aims of Education and Other Essays*, New York: Macmillan Company, 1929, pp. 157-158.

③ A. N. Whitehead, *An Enquiry concerning the Principles of Natural Knowledge*, New York: Dover Publications, Inc., 1982.

④ A. N. Whitehead, *Concept of Nature*, London: Cambridge University Press, 1920.

了《相对性原理》。[①] 在这三部著作中，他继续对“科学唯物论”的基本预设，即空间的“定点”、时间的“刹那”以及物质的“粒子”的概念进行批判，并拟以时空连续体（space-time continuum）中的“事件”——也就是“有机体”的概念取而代之。[②] 其中，《自然知识原理研究》一书首先提出“事件”和“客体”（object）[③]的概念，以及“广延抽象法”（the method of extensive abstraction）的理论。《自然的概念》一书，对传统微粒说（corpuscular theory）衍生出第一性质与第二性质（primary and secondary qualities）二分的理论，导致“自然的二分”等谬误，提出批判，并首次提出“契入”（ingression）[④]的概念。《相对性原理》一书除了继续阐述“事件”的概念之外，特别根据相对性原理强调“自然的相关性”（the Relatedness of Nature）。这时怀特海除了受到麦克斯韦的电磁场理论、洛伦兹（H. A. Lorentz）相对运动论与爱因斯坦相对论等科学理论的影响，同时也接受了柏格森（Henri Bergson，1859—1941 年）对物理学将时间“空间化”（spatialized）所做的批评，以及他所提出来的“绵延或持续”

---

① A. N. Whitehead，*The Principle of Relativity with Applications to Physical Science*，London：Cambridge University Press，1922.

② 在怀特海早期思想中，以“事件”一词指称“有机体”。“事件”原指在时空关系之中自然事物的发生，而这项发生具有时空关系、时空广延性、生命的节律，且不断处于生成变化之中，怀特海认为这正是自然的终极事实。

③ Object 一词衍自拉丁文，原意是指丢在路上的东西。在英文中，这个词既指感官知觉所见的客观独立之物（即具体存在于时空之中的外在事物），相当于德文的 Objekt 一词；又指心灵或肉体所朝向的、思维的、感受的、行动的客体，相当于德文 Gegendstand 一词。怀特海根据英文一词二义，站在实在论的立场，认为 object 一词，既指客观存在的事物性质（不是实体），又是感官知觉的客体。一般地将 object 一词译作“物体”或“客体”，虽可表达客观实物之意，然而无法表达“对象”之意。在这里为了全书统一术语，我们一般译作“客体”，这里的客体实指认识所指向的“对象”。

④ Ingression 一词原意为“自由进入”，怀特海用之指称“客体”与“事件”之间的普通关系。客体“契入”事件是事件根据客体的存有形塑其自身特征的方式。由于客体有多种（如感觉客体、知觉客体、物质客体、科学客体等等），客体契入事件的方式也有多种。怀特海的这个专门术语有因袭柏拉图理念论中世界“参与”或“分有”（participation）理型之意。其后，怀特海也称潜存的永恒客体得以实现于不同的“现实存在”为“契入”。David W. Sherburne，*A Key to Whitehead's Process and Reality*，Chicago：University of Chicago Press，1966，p. 21ff，A. N. Whitehead，edited by D. R. Griffin and D. W. Sherburne，corrected edition，*Process and Reality*，New York：The Free Press，1978，p. 23.

(duration)[1]观念。相对论推翻了古典物理学(classical physics)，也就是牛顿物理学(Newtonian physics)三度进向的绝对空间观与一度进向的绝对时间观，代之以时空连续体的理论(theory of space-time continuum)。上述物理学的革命，以及其后量子物理学(quantum mechanics)的出现，皆提供给怀特海有机哲学重要的依据。

在《相对性原理》一书出版的同年，1922 年，怀特海在"亚里士多德学会"(Aristotelian Society)发表的"齐一性与偶然性"(Uniformity and Contingency)，以及在"詹姆士—斯科特讲座"(James-Scott Lecture)发表的"相关性"(Relatedness)，持续关注自然科学的基本概念，如时间、空间、物质、运动、测量、相对性等等，以及自然科学知识背后的哲学基础，尤其是归纳法的哲学基础。这时他再次区隔了自然哲学与形而上学的不同。形而上学主要在精确地说明"指证宇宙实在的经验，其来源与类型"，而科学则在透过归纳逻辑，以特定概念来组织知觉经验，进而找出自然的法则。前者涉及知觉者与被知觉物，而后者仅涉及知觉经验，虽然两者都以"直接经验"为出发点，但是各走各的路，可说是同途而殊归。[2] 自此之后，怀特海与传统英国经验论就渐行渐远了。

I-3 形而上学与过程宇宙论时期

I-3-1 哈佛生涯

1924 年，怀特海已六十三岁届临退休。他有了科学哲学家的名誉，

---

① 柏格森以"绵延或持续"概念对比物理学的"时间"概念，后者将时间视做同质性、可测量的空间一般，前者则将时间视做不可测量的生命属性，即真实的时间。柏格森站在生机论的观点认为，生物在时间之中演化创生、生长变化，并充满生机。这种不断持续的进步，总是由过去吞噬未来，扩大前进，而"绵延或持续"就是这种创造性进展的过程。这个过程不是由不相连属的刹那构成，而是由有记忆的过去和一定"绵延或持续"的现前连续而成。参见 Henri Bergson, *Creative Evolution*, trans. Arthur Mitchell, New York: Random House, Inc., 1944。怀特海以"事件"的概念对比"物质"，颇受柏格森思想的影响，这方面可参见 Filmer S. C. Northrop, "Whitehead's Philosophy of Science", *The Philosophy of Alfred North Whitehead*, pp. 167 - 207; Victor Lowe, "The Influence of Bergson, James, and Alexander on Whitehead", *Journal of the History of Ideas*, April 1949, Vol. X, no. 2, pp. 267 - 296。

② A. N. Whitehead, *The Organisation of Thought Educational and Scientific*, London: Williams and Norgate, 1917, pp. 113 - 114. 那时怀特海采取的立场是将形而上学与科学哲学研究的对象区隔开来：形而上学是以具体经验与宇宙实在为研究对象，也就是"本体论"的研究，而科学是以"逻辑思维"和"理想经验"为内容，其与哲学的主要关系是在"认识论"上的。

却还没有开始发展他最重要的哲学思想——形而上学与宇宙论。早在1920年美国哈佛大学哲学系主任伍兹(J. K. Woods)就向校长洛威尔(Lowell)表达了邀请怀特海讲学的意愿。1922年怀特海还利用假期在美国做了短期讲学,对美国的学术环境极为满意。1924年秋天,在泰勒(Henry Osborn Taylor)的协助下,怀特海终于接受哈佛大学五年的聘约(以后延长为十三年),全家移居美洲新大陆,展开了他人生最重要的思辨哲学时期的生涯。

在赴美之前,怀特海曾写信给友人巴尔(Mark Barr),说了他对这次"心智探险"的憧憬:"如果我得到这个教职,未来在哈佛的五年,或许给我一个好机会系统地整理我的观念,使我能在逻辑、科学哲学、形而上学,以及其他半理论、半实践的如教育等基本议题上,有所建树。"[①]在美二十余年间,怀特海果真充分地实现了自己的抱负。事实上,当时美国学界正流行着由皮尔士(C. Peirce, 1839—1914年)所提出的、詹姆士(W. James, 1842—1910年)与杜威(1859—1952年)所继承和发展的实用主义,而哈佛大学哲学系早在罗伊斯(J. Royce, 1855—1916年)影响下,浸润于绝对观念论或绝对实用主义思想之中。[②] 这些学说或强调人是与其环境交互作用的有机体,经验具有连续性,或阐扬思想与实在之间具有整体有机的关联,可以说,这种思想背景正为怀特海的莅临预作了准备。

怀特海在哈佛期间的学术成就极为辉煌,《科学与现代世界》(*Science and the Modern World*, 1925年)、[③]《宗教的形成》(*Religion in the Making*, 1926年)、[④]《符号论及其意义和作用》(*Symbolism Its Meaning and Effect*, 1927年)、[⑤]《过程与实在》(*Process and Reality*,

---

① W. E. Hocking, "Whitehead as I Knew Him", ed. G. L. Kline ed., *Alfred North Whitehead: Essays on His Philosophy*, New Jersey: Prentice-Hall, Inc., 1963, p. 10.

② W. E. Hocking, "Whitehead as I Knew Him", ed. G. L. Kline ed., *Alfred North Whitehead: Essays on His Philosophy*, New Jersey: Prentice-Hall, Inc., 1963, p. 11.

③ A. N. Whitehead, *Science and the Modern World*, New York: The Macmillan Company, 1925.

④ A. N. Whitehead, *Religion in the Making*, New York: The Macmillan Company, 1926.

⑤ A. N. Whitehead, *Symbolism Its Meaning and Effect*, New York: The Macmillan Company, 1927.

1929年)、[①]《理性的功能》(*Function of Reason*，1929年)、[②]《观念的探险》(*Adventures of Ideas*，1933年)、[③]《思维方式》(*The Modes of Thought*，1938年)[④]等著作，呈现了怀特海哲学最精致、最成熟的面貌——他的有机哲学与过程宇宙论。

I-3-2 科学与现代世界

《科学与现代世界》是怀特海系统地提出有机哲学的起点；即如在同一年《自然知识原理研究》再版序言里，他说希望"在不久的将来能将这些书(《自然知识原理研究》《自然的概念》《相对性原理》)中的观点，在一种更为完整的形而上学中具体呈现。"果然不久之后，《科学与现代世界》就出版了。在该书的序言里，怀特海强调哲学在批判宇宙论中的功能是"在协调、更新，以至于证明对于事物性质不同的直观"，而该书便是他对科学唯物主义宇宙观的基本预设——"简单定位"所作的批判。书中以"有机体"的概念取代"物质"的概念，做为自然哲学的新基础，另外提出"摄入"(prehension)、[⑤]"现实发生"或"现实场景"(actual occasion)、[⑥]"永恒客体"、"创造性"(creativeness)等重要概念，还提出"神"(God)作为形而上学的最终原理。同时，怀特海也认为，在科学日益进步、宗教日

① 西方学者多认为怀特海最重要的哲学成就即《过程与实在》(*Process and Reality*)一书，怀氏则称该书——事实上是他在爱丁堡大学 (University of Edinburgh) 一系列的吉福德讲稿 (Gifford Lectures) 合编成册——旨在阐扬"有机体哲学"的传统。

② A. N. Whitehead, *The Function of Reason*, Princeton: Princeton University Press, 1929.

③ A. N. Whitehead, *Adventures of Ideas*, New York: The Free Press, 1961.

④ A. N. Whitehead, *Modes of Thought*, New York: The Macmillan Company, 1927.

⑤ "摄入"是指认知与非认知的体悟。为了避免译作"摄知"的认知意涵过于强烈，避免译作"摄受"的缺乏主动体会之意，故译作"摄入"。"摄入"首见于《科学与现代世界》，在《过程与实在》里是怀特海八个存在范畴中的一个。根据怀特海的说法，"摄入"构成"现实存在"，使得一个"现实存在"能成为另一个"现实存在"的客体，或者使得"永恒客体"能契入"现实存在"。在原则上"摄入"类似于矢量，有一定的"方向性"，是各种事物之间"关联性的具体事实"。"摄入"是有相关性的，其要素有三：一是摄入的主体(如知觉者)，二是被摄入的材料(如被知觉物)，三是主体如何摄入材料的"主体性形式"(如知觉)。谢幼伟先生首先将 prehension 译为"摄受"，不约而同地拙作《怀海德与简单定位》(《中国文化月刊》，1988年11月109期，第46—64页一文，也曾将之译为"摄受"。只是"摄受"一词稍嫌被动，乃将之改译为"摄入"，以强调其统整其他存在(主要是"现实存在"和"永恒客体")的主动性。参见谢幼伟：《怀黑德的哲学》，台北：先知出版社，1974年10月；俞懿娴：《怀海德与简单定位》，《中国文化月刊》，台中：东海大学出版，1988年11月109期，第46—64页。

⑥ "现实发生"一词首见于《科学与现代世界》一书，系指构成我们的直接经验的具体实在。

趋式微的情况下,宗教理论有进一步发展的空间与必要。科学与宗教应放弃冲突对立,携手共创人类的新文明。本着这项信念和他一贯具备的宗教素养,怀特海在《宗教的形成》一书中,根据人性的恒常因素,分析宗教形成的必然性与普遍性。同时,这两本著作均肯定"神"为神学中的最高概念,同时也是形而上学的最终原理、宇宙论的理性秩序以及价值论的价值本源。

I-3-3 符号论及其意义与作用

在《符号论及其意义与作用》一书中,怀特海再次展现了他对知识论与语言哲学的兴趣。延续先前对传统经验论的"知觉"概念的批评,怀特海分别提出"直接表象"(presentational immediacy)、"因果效应"(causal efficacy),以及"符号指称"或"符号参照"(symbolic reference)的理论,为有机哲学的认识论奠立基础。① 这本书虽短小轻薄,却艰涩难解,寓意深刻,读后令人回味无穷。

I-3-4 过程与实在

《过程与实在》是最系统、最完整的过程哲学体系,可以说是怀特海有机哲学的代表作。站在思辨哲学立场,怀特海主张哲学的工作在于提供一种普遍观念系统,借以融贯地、逻辑地、必然地和恰当地诠释所有的经验。根据这项原则,怀特海一面修正传统欧洲哲学,一面缜密地描述宇宙实在的过程实相,并进一步发展他的范畴论、现实存在论、永恒客体论、摄入论、广延连续体论、共生论、创造论、主体性原理论、符号指称论、命题论、神学论等形而上学和宇宙论。这些都是他超越传统的自然哲学的新说。唯有第四部分即广延论,涉及对有机体之间的数学关系的讨论,这是怀特海应用数学以描写自然实在的理念的持续。这些理论说明了怀特海的基本哲学立场是多元实在论,以及过程为宇宙实在的有机哲学。过程之中有变有常,有机哲学的特征正在打破西方现代哲学中种种

① 在该书中,怀特海认为知觉经验可分为上述三种模态。首先,感官知觉直接呈现给我们有关外在世界的经验,即一般所谓的感官知觉。其次,外在物体造成的我们的身体感官反应的知觉则是"因果效应"。我们因为有感官知觉,也就是"直接呈现",才有"因果效应"的知觉,因为眼见色之后,才知道眼睛发挥了"看"的功能。其三,"符号指称"则是将前两种知觉合而为一的综合活动。这样的知觉不仅引起思想的符号活动,也引发了行动、情感的符号反应(例如,人们看到国旗时引发的爱国情感)。

二元论与二元对立，例如实体与属性、现实与潜存、原因与结果、心灵与肉体、主体与客体、不确定与决定性、消亡与不朽、实在与表面、个人与共同体、整体与部分、内在与超越、连续与间断等等。① 这些学说极其抽象和复杂，各种理论之间如蛛网关联，其艰深复杂程度和创新堪与康德《纯粹理性批判》、黑格尔《逻辑学》相媲美。

I-3-5 《过程与实在》之后的著作

《过程与实在》之后的几部著作——《观念的探险》《思维方式》在理论与重要性上均不能与《过程与实在》相提并论。在这些著作中，除了继续讨论《过程与实在》中的某些议题之外，多属阐扬怀特海文化哲学方面的理想。哲学必定要关乎个人与共同体的全体经验；包括知识、道德、艺术、宗教等等，而"文明"正是这些经验的总名。怀特海对于"文明"议题，总是站在人道主义立场，肯定人不仅有情绪、感受、知觉，更有理解和判断是非、善恶、美丑的能力，因而能群策群力，创造高度的文明。②

除了不断出版学术著作之外，怀特海也讲学不辍。直到 1937 年，他才正式从哈佛大学"二次"退休，时年七十六岁。虽然不再上课，怀特海在学校附近的宿舍，却是学者、知识分子经常造访的地方。怀特海谦冲为怀，平易近人，总使拜访者尽兴而归。1947 年 12 月 30 日，怀特海以八十八岁高龄溘然长逝，留给当时学界无限的追思。

I-4 怀特海思想发展分期与内部联系

I-4-1 思想分期

众所周知，怀特海思想发展至少经历三个重要的时期，即数学与逻辑时期、自然科学哲学或本体论与认识论时期，以及思辨哲学或过程宇宙论时期。这些时期的发展，自有一定的关联。然而怀特海早期数学与逻辑思想，是否为他晚期形而上学与宇宙论思想在预做准备？还是他认为逻辑与数学哲学过于抽象狭隘，造成他思想上的瓶颈，以致完全放弃这方面的研究，转而致力于形而上学与思辨哲学？

---

① A. N. Whitehead, "Preface", *Process and Reality*; F. B. Wallack, "Preface", *The Epochal Nature of Process in Whitehead's Metaphysics*, Albany: State University of New York Press, 1980.

② A. N. Whitehead, *Adventures of Ideas*, New York: The Free Press, p. 11ff.

I-4-2　维克多·洛的观点

维克多·洛认为，怀特海的思想发展有其连续整体性，从《普遍代数论》一书是哲学的著作，以及“论物质世界的数学概念”一文含有对科学唯物论的批判便可见，怀特海并不如一般人以为他早期只热衷于数学与逻辑的研究。事实上，他一开始的研究兴趣就在数学宇宙论方面，而他也持续致力于结合几何学与变迁的世界。[①] 他的说法可以说代表着大多数怀特海学者的看法。

I-4-3　克里斯蒂安的观点

克里斯蒂安（William A. Christian）却认为，虽然数学物理学引导怀特海研究自然哲学，就好像自然哲学的问题引导他研究思辨哲学一样，但不能因此说怀特海从一开始就思考形而上学的问题。他的形而上学著作，还是从 1925 年出版的《科学与现代世界》一书开始的。[②] 怀特海强调哲学的功能是批判宇宙论，为了充分发挥这项功能，甚至需要排除认识论的讨论，[③]更遑论数理逻辑了。

I-4-4　梅斯的观点

梅斯（W. Mays）则不同意克里斯蒂安的看法，他认为怀特海晚期的形而上学著作，正是以他早期数学逻辑的研究为源头的。表面看来怀特海晚期形而上学著作中，有着大量令人难以理解的哲学术语，与他早期数学逻辑的著作迥然不同。事实上，经过仔细的考察可知，这些哲学术语只是他早期观念的扩大运用而已。怀特海早期著作中对于外在世界知觉的研究，近于现象论。从晚期作品看来，更能肯定可经验的感觉性质在知觉过程中，是经由生理与物理的活动而取得的。至于《过程与实在》中的哲学方法，与现代逻辑的公设法极为相似。而运用现代逻辑的公设法，以强调复杂关联的系统，以及肯定现代物理学的场域理论，以强调物理系统的历史性，正是怀特海晚期著作的两大特色。另外，他在早其著

① Victor Lowe, “The Development of Whitehead' Philosophy”, pp. 18-46.

② William A. Christian, *An Interpretation of Whitehead's Metaphysics*, Westport, Connecticut, Greenwood Press, 1977, p. 1.

③ A. N. Whitehead, *Science and the Modern World*, New York: The Macmillan Company, 1925, vii-ix.

作“论物质世界的数学概念”一文中提及的多元关系，和《过程与实在》中电磁事件背后的普遍系统极为相似。以上种种，皆足以证明怀特海早期与晚期著作关系密切。梅斯因此认为怀特海的形而上学只是一种应用逻辑，近乎现代控制论（cybernetics）的思辨研究。① 梅斯的说法颇不可取，他似乎完全忽视了怀特海思想中诗学的、形而上学的、价值学的层面，只是一味盲目地想将怀特海纳入以假设演证法为基础的科学主流之中。

I－4－5　施密特的观点

施密特(Paul F. Schmidt)虽与梅斯的看法接近，认为从怀特海知觉论的发展可见他的思想是持续一贯的。他的知觉观与自然科学哲学、形而上学的发展密不可分。他认为，怀特海早在“论物质世界的数学概念”一文中阐析的物质世界的数学逻辑结构中，便含有其晚期对现代科学观念的批判，以及对知觉观念反省的重要线索。该文中提到多种“基本关系”，各关系有其关联的方向，这种关系的方向正是以后《过程与实在》中所谓“摄入的矢量性质”。有关“线性客观实在”的描述，也近乎《过程与实在》中所谓简单的物理感受。另一方面，施密特也观察到，怀特海早期论文与自然科学哲学时期的著作有显著的不同。前者没有将“事件”与“客体”区别开来，且将科学与形而上学的研究分开；后者则对于“事件”与“客体”有所区分，且强调科学与形而上学研究的关系紧密。② 施密特的说法兼顾了怀特海思想的一贯性与差异处，似较周延。而怀特海早在“论物质世界的数学概念”一文中便已开始对现代科学唯物论加以批判，则是不争的事实。

I－4－6　怀特海思想发展的三个时期

由上述分析可知，怀特海的思想发展当然有其一贯性：早期数学与逻辑的素养，持续影响到他晚期哲学思想的形成。但是，这种影响见于应用数学描写物理世界的理念，而不是符号逻辑与数学运算本身。综上可知：(1)怀特海思想发展经历三个时期：数学与逻辑时期、自然科学哲学时期，以及形而上学时期。(2)第一时期中有关数理逻辑的研究，在他

---

① W. Mays, *The Philosophy of Whitehead*, London: George Allen & Unwin Ltd., 1959, pp. 17－20.

② Paul F. Schmidt, *Perception and Cosmology in Whitehead's Philosophy*, New Jersey: New Brunswick, 1967, pp. 3－14.

的第二、第三时期的思想发展中，并未扮演重要的角色，也未见其影响力；但有关应用数学、几何学以描写自然实在的理念，却贯串了三个时期。(3)第一时期怀特海确实区分了数学与形而上学的研究，并显示自己对形而上学不感兴趣，因此，怀特海的哲学研究以及有机哲学的发展应以第二、第三时期为主。

二、怀特海哲学要旨

怀特海的哲学以批判现代世界观的基本预设——科学唯物论为起点，而以有机哲学的完满建构为终点。[①] 从他早期到晚期的著作可见，有三个思想主轴贯穿于其间，即主张生命有机体为自然的终极事实、对科学唯物概念的批判，以及区分认识的“变化”与“恒常”。

II-1 生命有机体为自然的终极事实

II-1-1 有机体概念

在早期有关自然科学哲学的著作中，怀特海根据当代科学的新发现——麦克斯韦的电磁场理论、相对论与量子物理学，一再批评 17 世纪现代科学兴起以来的机械唯物主义自然观。自然或宇宙最终的事实，并不是科学唯物论所以为的那种存在于刹那定点之上的物质，如原子或者微粒，而是处于连续不断的时空之中的“有机体”。怀特海在《自然知识原理研究》一书中，首先援用生物学的“生命有机体”概念来挑战物理学的“刹那-定点-粒子”(instant-point-particle)概念。如前文提到，他的观点与柏格森的生机论立场一致，认为生物原理无法化约为物理原理，机械唯物论无法解释生命现象，物质质点也不得作为自然宇宙的终极事实。[②] 怀特海说：“生物学里生命有机体的概念，无法以存在于刹那之间的质点来表达，生命有机体绵延于空间之中，它的本质在于功能。功能

---

① 西方学者大多认为怀特海最重要的哲学成就即《过程与实在》一书。怀氏则称该书——事实上是他在爱丁堡大学一系列吉福德演讲稿基础上改写而成的——旨在阐扬“有机哲学”的传统。他较早在《科学与现代世界》一书中也曾表明拟以“有机体论”取代“唯物论”的立场。A. N. Whitehead, Process and Reality, xi., *Science and the Modern World*, p. 36.

② Henri Bergson, *Creative Evolution*, translated by Arthur Mitchell, New York: The Modern Library, 1911.

的发挥有待时间，因此生命有机体就是一个具有时空广延性的个体。”[①]“有机体”或“生命有机体”一词，无疑地带有浓厚的生物学色彩。在生物学上是指拥有新陈代谢、繁殖死亡等生命现象、能与环境交互作用、各部分彼此关联、得以发挥各种功能的个体。[②] 生生不息是生命有机体的特征。站在生物学立场，有生命的有机体与无生命的物质之间有着不可跨越的鸿沟，不可相提并比。怀特海使用“有机体”一词无疑地承袭了生物学的概念，强烈地暗示自然的终极存在具有生长、生成、变化、转化、成熟、毁灭等特征，以及生物体各部分、生物与生物、生物与环境之间交锁相连的关系。然而，同时他也以“有机体”一词指涉所有的基本存在。跨越生物学领域，他视所有的微观粒子均为“有机体”，包括原子、电子在内。

II-1-2　有机体之为事件、节律、生命

在《自然知识原理研究》与《自然的概念》里，怀特海以“事件”一词指称“有机体”。他说：“所有物理与生物的解释，必须要表达的是自然最终的事实，正是存在于时空关系之中的事件，而这些关系大致能化约为事件的性质，也就是事件能涵盖其他事件作为其自身的一部分。”[③]据此，怀特海发展出“广延抽象法”理论：“事件”作为自然最基本的现实性，也是一种“关系性”，一种时空关系者；时间与空间并不是绝对的存在，必须依附于“事件”；“事件”与“事件”之间或重叠或交锁，总以“涵盖其他事件作为其自身的一部分”为特性，因此“事件”具备时空广延性。[④] 怀特海强调自然包含了生命，有生命的事件涉及其中有节律的部分的完成。如果生命的节律不可拆解，那么承载生命的事件（the life bearing event）就具体到不可能存在于刹那质点之中。[⑤] 他说：“生命保存了它的节律表

---

① A. N. Whitehead, *An Enquiry concerning the Principles of Natural Knowledge*, New York: Dover Publications, Inc., p. 3.

② Ralph Stayner Lillie, *General Biology and Philosophy of Organism*, Chicago: University of Chicago Press, 1945.

③ A. N. Whitehead, *An Enquiry concerning the Principles of Natural Knowledge*, New York: Dover Publications, Inc., p. 4.

④ A. N. Whitehead, *An Enquiry concerning the Principles of Natural Knowledge*, New York: Dover Publications, Inc., p. 68ff.

⑤ A. N. Whitehead, *An Enquiry concerning the Principles of Natural Knowledge*, New York: Dover Publications, Inc., pp. 195-196.

达，以及对节律的敏感度。生命之为节律是如此，而物质客体只是由没有节律的物质性粒子积聚出来的。因此物质自身是没有生命的。生命的表达十分复杂，不仅涉及感知，也就是欲望、情绪、意志，那些预设了低层次存在的高级存在，还进一步地让我们辨识节律，作为生命的因果对照；也就是，哪里有节律，哪里就有生命。只是对我们而言，相似性要足够接近时，才可以为我们所察知。因此，节律就是生命，从这个意义上说，生命是含纳在自然之中的。"[①]生命、节律与事件的发生必然要经过一段时间，怀特海称之为"流变"(passage)。他说："一个事件其从广延持续性得到它的统一性，从其固有的流变特性得到其独特的创新性。"[②]这里的"流变"也就是"过程"。

Ⅱ-1-3　流变之为事件、节律、生命

在《自然的概念》里，怀特海更明确地肯定"流变"与"过程"是时间与空间的"转换"；自然之所以"不断前行"，正是出于时空不断地"转换"。而这转换的单元——时空关系者正是事件。事件有其可辨识的结构：也就是在空间上的广延和在时间上的协同这两种关系。一个事件与其所在的全体自然之间，有着同时性的关系。同时性不同于刹那性(instantaneousness)，它伴随着持续性或绵延(duration)，绵延或持续便是自然的过程，也可称作是自然的流变。[③] 这里怀特海承认他的"绵延或持续"概念和柏格森的"时间"(time)概念相符：是前继后续、连续不绝的直接发生。[④] 在《相对性原理》一书中，怀特海对此做了说明："自然的基本要素涉及某个发生在时间和空间中的事情，我称之为事件。一个

---

① A. N. Whitehead, *An Enquiry concerning the Principles of Natural Knowledge*, p. 197.

② A. N. Whitehead, *An Enquiry concerning the Principles of Natural Knowledge*, p. 198.

③ A. N. Whitehead, *Concept of Nature*, London: Cambridge University Press, 1920, p. 54.

④ A. N. Whitehead, *Concept of Nature*, London: Cambridge University Press, 1920, pp. 55-66. 科学家将时间"数量化"，也就是将时间"空间化"。柏格森对这种将"时间空间化"的做法曾提出批评，认为这是理智抽象作用对于自然事实的扭曲。他认为，时间最重要的特征就是"流动性"，时间一旦流逝，其部分也就跟着流逝，不同的部分不可能同时并存。物理测量却把不同时间放在相同的尺度上，好像时间和空间一样地可以加以测量。事实上只有具广延性、数量性的空间可以测量，时间不具广延性，只是不断地发生，根本无法测量。但是，古典物理学将时间作为测量的对象，经常运用描写空间的语词谈论时间，可以说，这是把时间当成了空间，也就是所谓的"将时间空间化"。Henri Bergson, *The Creative Mind An Introduction to Metaphysics*, New York: The Wisdom Library, 1946, pp. 12-14.

事件并不意味着快速的改变，一块大理石的持久性是一个事件。在我们看来，自然基本上就是生成变化，任何自然有限的部分保存了附着于其自身最完整的具体性，也就是生成变化，即我所称的事件。因之，自然就是事件的生成变化，它们对彼此之间有意义，就形成有系统的结构。我们以时间和空间来表达事件有系统的结构。因之，时间和空间就是从这个结构中抽象出来的。”[①]“事件”而不是“质点”才是构成宇宙的真正存在，这是怀特海自然哲学的首要发现。

Ⅱ-1-4　有机体之为现实发生与现实存在

事件和有机体始终是怀特海哲学的核心思想，到了《科学与现代世界》一书中，转化为“现实发生”。这或是因为“事件”一词既指时空关系，又指此关系之中的自然发生，因而不够精确之故，所以他换成这个新概念。“现实发生”系指构成我们直接经验的具体实在。怀特海说：“‘现实发生’构成我们的直接经验。”[②]这个经验不是孤立的，而是与其他所有发生内在相关的。在《过程与实在》一书中，他以“现实存在”一词与之交互使用。他指出“现实存在”或称“现实发生”，“是构成世界最终的真实事物。它们彼此之间似有高低层级的不同，最高至神，最卑微至虚空中渺小的点尘，都是‘现实存在’。‘现实存在’是点滴的经验，它们既极为复杂又相互依赖。”[③]“现实存在”是构成世界的终极事实，也是他提出的范畴架构中八个存在范畴中的第一个。[④]“现实存在”有三重特征：一是由其过去所“给予”；二是主体性特性，即它在创生过程中具有有目的的性质；三是具有超体性质，即具有以其特殊满足为条件的超越创造性而造成的实用价值特征。换言之，“现实存在”有其过去，这种过去决定着其现在，然而在创造性进展之中，不断地朝向未来的目的，结合现在与未

① A. N. Whitehead, *The Principle of Relativity with Applications to Physical Science*, London: Cambridge University Press, 1922, p. 21.

② A. N. Whitehead, *Science and the Modern World*, New York: The Macmillan Company, 1925, p. 153.

③ A. N. Whitehead, Process and Reality, xi., *Science and the Modern World*, p. 18.

④ A. N. Whitehead, *Process and Reality*, pp. 20-28. 怀特海哲学的范畴体系非常繁复，包含着终极范畴三种：创造性、多和一；存在范畴八种：现实存在、摄入、聚结、主体性形式、永恒客体、命题、杂多、对比；说明范畴二十七种，以及范畴义务九种。

来，即成“超越现在”的“超体”。如此一来，怀特海的宇宙论便恢复了西方自古希腊以来的目的宇宙论传统，而这一传统一直以来是被科学的机械宇宙论所否定的。

II－2　对科学唯物论概念的批判

II－2－1　批判简单定位概念的起点

怀特海哲学的起点，便是对科学唯物论的基本预设进行批判，即对孤立地存在于定点之中的物质粒子——所谓“简单定位”的批判。如前所说，早在1905年怀特海就指出传统牛顿物理学或古典物理学认为物质世界的终极存在是由三类彼此互斥的存在，即物质的粒子、空间的定点以及时间的刹那所构成。这种古典物理学的物质概念，早在公元前4世纪的古希腊，便已由原子论者留基伯（Leucippus）与德谟克利特提出。原子论者认为，宇宙自然是由不可再分割的微小粒子——原子构成的，原子是同质性的、不可入的、永恒不变的、不增不减的存有或存在（being），而分隔原子与原子之间的虚空则是非存有（non-being）。原子根据固定的机械法则运动，物体的生成与毁灭正出于原子的结合与分离。

II－2－2　微粒说与简单定位

古代原子论到了17世纪现代科学兴起时被“微粒说”所取代。根据“微粒说”，所有物体都是由极其微小的粒子构成的，所以，自然现象都可以解释为物体的运动现象。[①]“微粒说”的核心概念便是三维的绝对空间、一维的绝对时间，以及物质粒子，而这种粒子在牛顿的《光学》一书中说得最为清楚：“对我来说，这些事物（自然物）是上帝在一开始就以固体的、有质量的、坚硬的、不可穿透的、可移动的、某种大小形状、且具其他性质的粒子构成的物质，在空间里具有一定比例，根据它的目的构成事物。而这些基本粒子既然是固体的，就远比那些有缝隙的物体来得坚硬。”[②]这种科学的物质概念自17世纪起便在科学中占主导地位了。怀

---

① 根据微粒说，所有物体是由某种非常小的粒子或微粒构成的，至于这个微粒是否可以再分割，学者看法不一。在古典物理学里，包括开普勒、伽利略、波义耳、伽桑迪、惠更斯、牛顿都是原子论者，主张微粒不可再分，笛卡尔与莱布尼兹则持反对立场。Sir William Cecil Dampier，*A History of Science*，London：Cambridge University Press，1979.

② Isaac Newton，*Optics*，摘自 Sir William Cecil Dampier，*A History of Science*，p. 170。

特海批评的正是这种物质概念。

II－2－3 《自然知识原理研究》：论广延性

“基本物质粒子”具有质量与不可入性，在绝对空间中占据一定点，在绝对时间之中占据一刹那。正如怀特海在《自然知识原理研究》中所形容的，传统物理学主张自然的终极事实是：在没有任何绵延或持续的刹那之间、弥布在所有空间中的物质。① 根据怀特海的分析，支配着古典科学的物质、时间与空间的原理，便是时间或空间的“不相连接的广延性”。② 所谓“不相连接的广延性”，是指物质粒子是与任何其他因素无关的孤立存在。根据这种科学唯物论，构成自然的基本物质是有广延性的，且具有一定的质量。而物质个体之间则是离散的，彼此有距离，且是不相关连的。③ 这个原理虽是“唯物论”的预设，却与古典物理学许多其他物理概念不兼容。因为这个原理预设了质点存在于一个无时间的绝对空间系统中，或是一个绝对分离的时空系统中，其中任何分离的两个质点之间，没有产生因果作用的可能性。而古典物理学里的重要概念，如速度、加速度和角动量等，都需要假设物质具备时空连续的广延性。如此一来，物质必须占据一定体积的空间与一定持续性的时间，而不只是占据无广延性的点尘与无持续性的刹那。速率与加速度等概念不只是关系到物质位置的改变，且关系到物质相对情境之改变。诚如怀特海所言：“如果没有过去与未来的参照，便无法界定速度的概念。因之，变化便是把过去与未来加诸于具体现在、无持续性的直接刹那之上。”④过去、现在与未来这“三世”是不即不离的，时空广延显然要比时空不相连接更近于宇宙真相。

---

① A. N. Whitehead, *An Enquiry Concerning the Principles of Natural Knowledge*, New York: Dover Publications, Inc., pp. 5－6.

② A. N. Whitehead, *An Enquiry Concerning the Principles of Natural Knowledge*, New York: Dover Publications, Inc., New York: Dover Publications, Inc., p. 1.

③ A. N. Whitehead, *An Enquiry Concerning the Principles of Natural Knowledge*, New York: Dover Publications, Inc., p. 2.

④ A. N. Whitehead, *An Enquiry Concerning the Principles of Natural Knowledge*, New York: Dover Publications, Inc., p. 2.

II-2-4 《自然的概念》:论抽象物质概念

在《自然的概念》里,怀特海指出刹那定点的物质概念,是出于传统第一哲学非法地转换了空洞的存在,只因在思想方法上有其必要的抽象思考,让科学家们有意识或者无意识地预设了时空中的基质,把它当作形而上学的自然要素。[①] 古典物理学的绝对时空理论,将时间与空间看作两个独立系统。时间是离开空间的一次元系统,由无持续性的刹那前继后续而成。[②] 这种绝对时间包含两种基本关系:一是刹那之间的时间序列关系,另一个则是在时间刹那和发生在这些刹那之间自然状态的时间占据关系。[③] 也就是说,绝对时间能提供确定的时间系列架构,而自然事件的发生则占据系列中特定的刹那。同理,在绝对空间理论里,[④] 空间是一个由点(无度量)、线(无宽度)、面(无厚度)构成的独立系统。这个绝对空间不含任何时间因素,仅有点与点之间的空间序列关系,以及空间之点与物质事物之间的空间占据关系。质言之,绝对分开的时间与空间系统假设:(一)时间与空间是由物质客体的相对位置抽象而来的;(二)空间是一个无广延性的定点系统,依定点间的空间规律关系而构成;(三)时间是一个无持续性的刹那连续系统,依刹那的时间规律关系而构成。[⑤] 也就是说,18、19世纪的科学唯物论认为,空间是物质的积聚,而这些物质存在于每一个无持续性的刹那构成的时间系列里。在无垠的空间之中,每个刹那中的物质实体之间的相互关系,形成了空间的构型。怀特海于是称之为无广延性的瞬间构成的时间系列,物质实体的

---

① A. N. Whitehead, *Concept of Nature*, London: Cambridge University Press, 1920, pp. 20-21.

② A. N. Whitehead, *Concept of Nature*, London: Cambridge University Press, 1920, p. 35. 怀特海在这里虽然承认绝对时间理论有两个优点:一是在思想中必在时间之中,使时间有超过自然的真实性,毕竟我们可以想象没有任何自然知觉的时间;另一个则是保障时间的不可回溯性,使时间随一维方向流逝下去,不再回头,不可重复,不过他仍然认为,由没有持续性的瞬间构成的时间系列是高度的抽象。

③ A. N. Whitehead, *Concept of Nature*, London: Cambridge University Press, 1920, p. 34.

④ A. N. Whitehead, *Concept of Nature*, London: Cambridge University Press, 1920, pp. 36-37. 怀特海认为,由于思想不能说占据多少空间,空间本身也没有不可回溯的问题,因此,绝对空间理论并没有绝对时间理论的优势。

⑤ A. N. Whitehead, *Concept of Nature*, London: Cambridge University Press, 1920, pp. 33-36.

集合，以及物质间关系的空间，这正是所谓科学唯物论的“三位一体”。[①]这些基本观念是心智高度抽象作用的产物，虽然反映了部分自然的性质，但是它们却是与人对自然的直接感官觉察相违背的。[②] 事实上，直接感官觉察的客体是绵延或持续，而不是刹那。绵延或持续从过去广延到现在，再由现在广延到未来。而刹那则是过去已过、未来未到的现在。因此，怀特海批评这样的概念远离我们的具体经验。

II－2－5　自然二分法

科学唯物论的这种抽象概念不仅与实际经验不符，稍有不慎还会导致“自然二分”的谬误。所谓“自然二分”就是把整个自然硬生生地分成“两个部分”：在本体论上区分引发感官知觉的“作为原因的自然”，即物自体或自在之物与感官知觉所得的“表象自然”或“显现自然”；在认识论上区分了第一性质（primary qualities）与第二性质（secondary qualities），前者是物体自身的性质，但其无法为感官知觉所认识，后者是可知觉到的事物的性质，但却是心理主观的添加物，不是物体自身的性质。区分“作为原因的自然”与“表象的自然”可说是“自然二分”的因果论；第一性质与第二性质的二分则可说是“自然的二分”的心理添加论。如此一来，“自然二分”便导致了真实的不可知，可知的不真实；自然因此被割裂为无声、无色、无臭的粒子世界和花香鸟语的感觉世界；前者真实而不可觉知，后者可觉知却不真实。怀特海在《自然的概念》里说：“基本上我反对将自然分成两个实在系统，即使两者皆真，其真实的意义也不相同。一个是思辨物理学所研究的客体，如电子。这是相应于知识的实在，虽然在理论上该实在永不可知。另一个则是可知的、作为心灵副产品的实在。这样便会有两个自然，一是（科学）假设的自然，一是（心灵）梦想的自然。……换句话说，自然二分的理论，将自然割裂为在觉察中为人所觉知的自然，和造成觉察原因的自然。觉察所把握的自然事实是树绿、鸟鸣、阳光温暖、椅子坚硬，以及天鹅绒柔软。造成觉察原因的自然则是影响人心、引起表象、由分子、电子构成的假定系统。两个自然的交会点在心灵，作为原因的自

① A. N. Whitehead, *Concept of Nature*, London: Cambridge University Press, 1920, p. 71.

② A. N. Whitehead, *Concept of Nature*, London: Cambridge University Press, 1920, p. 72.

然好像流入心灵，而外表的自然好像自心灵流出。”[①]但是，这种自然二分也正是17世纪科学兴起以后，开普勒和伽利略以及无数科学家眼中的自然。

II-2-6 《相对性原理》：反因果机械论

在《相对性原理》里，怀特海指出，以科学的物质概念作为观察的终极事实，实际上是一种掌握自然固有精确性的逻辑理想。[②] 将时间看作是在刹那之间同时散布于宇宙之中的“事件”，会丧失时间之为“流变”的性质，而“刹那间的事件”则是自相矛盾的概念。事实上，“流变”是时间的本质；因为具体经验到的自然总是处于时间流变之中的。[③] 另一方面，科学唯物论认为，物质能处于孤立的时空刹尘之中，甚而会威胁到因果机械论。[④] 根据机械决定论，一个物理客体，不管是一个物质粒子还是一个电子，只要是由当前的发生所决定的，就成为未来的性质。因先果后，先前的状态必然决定随后的状态，此乃“动力因”的基本原理。这种机械决定论的预设有三：一是时空的连续性；二是不论多么遥远的事件都有绝对同时性；三是粒子的位置与速度都可以明确地界定。这样的观点便是所谓“实在的粒子动力观”。[⑤] 于是，过去的事件决定现在的事件的发生，现在的事件决定未来的事件的发生，如此一来，过去、现在与未来又岂能各自为政？

II-2-7 《科学与现代世界》：“简单定位”再批判

怀特海对于科学唯物论的预设——他亦称之为“简单定位”——的批判，一直持续到《科学与现代世界》的出版。他完整地呈现这个概念说：“我所谓的物质或质料，就是有‘简单定位’性质的事物。所谓‘简单

---

① A. N. Whitehead, *Concept of Nature*, London: Cambridge University Press, 1920, pp. 30-31.

② A. N. Whitehead, *The Principle of Relativity with Applications to Physiscal Science*, London: Cambridge University Press, 1922, pp. 7-8.

③ A. N. Whitehead, *The Principle of Relativity with Applications to Physiscal Science*, London: Cambridge University Press, 1922, p. 7.

④ A. N. Whitehead, *The Principle of Relativity with Applications to Physiscal Science*, London: Cambridge University Press, 1922, p. 9.

⑤ Milic Capek, *The Philosophical Impact of Contemporary Physics*, pp. 121-122.

定位'是指时间、空间共同具备的一个主要特征，以及一些二者之间稍有不同的次要特征。时空共同具备的特征就是说物质可以以一种完全确定的意义，毋须参照任何其他时空区域的说明，被指称现在就在这个空间、就在这个时间，或说现在就在这时空之中。有意思的是这种'简单定位'特征，无论是就绝对的或是关系的时空区域而言，都一样是成立的。因为如果一个区域只是指称某个体与其他个体之间的关系，那么这一项我所谓'简单定位'的特征，就可以说物质有与其他个体间的位置的关系，而不需要参照任何其他近似于相同个体之间的关系。事实上只要你一旦决定，不管你怎么决定的，你所谓时空中的一个确定地点，你就能恰当地说明某个物体与时空的关系，说它在此时此地，就'简单定位'而言，便没有别的什么好说了。这里还需对我前面提到所谓次要的特征，做些说明。首先就时间而言，如果物质已在某段时间存在，它在这绵延或持续中的每一部分都同样存在。换句话说，分割时间并不至于分割物质。其次，就空间而言，分割空间容积就是分割物质。"①

如此一来，"简单定位"便是心智高度抽象作用后的产物，是一种高度抽象的逻辑建构。这个概念仅仅在说明物质的性质，其本身并不是一项"谬误"。② 然而，这个科学唯物论的基本预设却会导致严重的后果，那就是"误置具体性之谬误"：误将抽象的概念当作是具体的事实。如此一来，可以说："自然的现象在某些方面可以为心灵所体会，而心灵必定存在于肉体之中。原则上，心灵的体会是由相关肉体的活动所引发的，比如说脑部的活动。在体会时，心灵也可仅经验到作为心灵性质的感觉。这些感觉是心灵的投射，但也适切地装扮出外在的自然。如此说来，物体被知觉到的性质，实际上根本不属于这些物体，纯粹只是心灵的产物。如此自然所得到的性质，无论是玫瑰的芬芳，夜莺的轻唱，还是太阳的热力，真正应该归属于我们的心灵。诗人完全错了。他们应当为自己的心灵而歌颂，把对自然的礼赞改成对人心卓越表现的恭贺。实际上

① A. N. Whitehead, *Science and the Modern World*, New York: The Macmillan Company, 1925, p. 49.

② L. S. Stebbing, "Symposium: Is the 'Fallacy of Simple Location' a Fallacy?" *Aristotelian Society Supplementary*, Vol. VII, p. 207.

自然是个了无生趣的东西，无声、无味、无色，只是一群匆忙去来的物质，没有目的，没有意义。”①

“简单定位”只能提供一个死寂的物质宇宙而已。将这样的物质概念应用到人身上，更会造成无法避免的悖谬。怀特海说：“建立在机械论上的科学实在论结合了一项不可动摇的信念：那就是人和高等动物的世界是由‘自我决定的有机体’所构成的。这种现代思想的极端不一致性，解释了我们的文明是多么三心二意，摇摆不定。”②

“自我决定的有机体”如何可能是由“简单定位”了的物质所构成的？物质粒子盲目地奔驰，人的躯体是物质粒子的集合，致使人的躯体也盲目地奔驰，对于躯体的所行所为，当然没有个人责任可言。所以，怀特海说：“如果你接受粒子完全已被决定如其所是，不受整个躯体的有机体任何决定的影响，如果你进而承认粒子盲目地奔驰是受到更普遍的机械法则所支配，那么便无法逃避这样的结论。”③

宇宙是个盲目运动的大机械，自现代科学兴起之后，彻底改变了传统目的论的宇宙观。

II-2-8 《过程与实在》：反空洞的现实性

之后，在《过程与实在》一书里，怀特海持续批判科学唯物论的物质概念，并称之仅具“空洞现行性”。换言之，从科学唯物论的观点看，任何物质都缺乏“主体性经验”与“主体性感受”。时空只是物理测量的参照架构，物质的存在不会受现行时空因素的影响，物质与时空之间没有“内在关系”。不仅如此，科学唯物论认为，物质是被动的、惯性的存在。物质与物质之间也只有外在的、机械的关系，没有任何内在关联。物质本身没有自发性，不具备任何引发自身变化的作用，不足以显示其存在的价值与意义。实际上，无论是“空洞的现实性”或是“实体”，都是高度抽象的概念，如果运用适当，有极高的科学价值。但是，若误认为它是真实

① A. N. Whitehead, *Science and the Modern World*, New York: The Macmillan Company, 1925, p. 54.

② A. N. Whitehead, *Science and the Modern World*, New York: The Macmillan Company, 1925, p. 76.

③ A. N. Whitehead, *Science and the Modern World*, New York: The Macmillan Company, 1925, p. 78.

存在，“离开了主体的经验，就什么都没有了，没有了，只是空空如也”。[①] 因此，在怀特海看，缺乏主动自发性的空洞物质只是高度抽象的科学概念而已，这种物质决非真正的实在。

II-3 认识的“变化”与“恒常”

II-3-1 《自然知识原理研究》：区分体会与认知

承前所言，科学的物质概念是心智高度抽象作用的结果，那么，人们何以会误认为它是具体事实呢？对此，怀特海一贯认为，这是因为在认识上，我们经常混淆了所知的“变化”与“恒常”。在《自然知识原理研究》一书里，怀特海区分了“体会”与“认知”以及各自所对“事件”与“客体”的不同。站在“直接经验”的立场上看，经验所知觉到的是整体的自然，但是，知觉知识则把这个整体分割成所知的存在（entities）或要素（elements），也就是“事件”与“客体”。“事件”是“客体”之间的关系，而“客体”是“事件”所具有的性质。[②] 这里“性质”一词极其广义，指任何可辨识的性质，不论这种性质是具体的事物自身，或是事物具备的某些性质。在怀特海看来，“事件”是不断地发生流逝的“此时此刻”，而“客体”却是恒常不变的事件性质。相同的“客体”可以存在于不同的“事件”之中，但“事件”本身则一去不复返。[①] 我们以认知作用所掌握的客体——也是科学研究的客观对象——正是这种事件的性质；至于我们对于事件本身的直接觉察，怀特海则称之为“体会”。当我们从事科学研究时，往往将从具体事件中抽象出来的客观对象误认为自然本身。怀特海指出，即使在时空的抽象作用中，也不能忽略时间表达了某种自然的流变；这个流变也可称作是自然的创造性进展，因而倘若仅以单一的时间系统来表达，那是不恰当的。总之，客体是附着于事件中被认知的事物，而事件本身才是真实具体的。

---

① A. N. Whitehead, Process and Reality, xi., *Science and the Modern World*, p. 167.

② A. N. Whitehead, *An Enquiry Concerning the Principles of Natural Knowledge*, London: Williams and Norgate, 1917, pp. 59–60. 在《自然的概念》里，怀特海将“客体”定义为：“在自然中不具流变性的因素。”（*Concept of Nature*, p. 125）

① A. N. Whitehead, *Concept of Nature*, London: Cambridge University Press, 1920, pp. 60–63.

II－3－2　《自然的概念》：感官觉察与关系者

在《自然知识原理研究》中的“体会”，到了《自然的概念》中成为“感官觉察”(sense-awareness)。“觉察”一词原是知晓之意，怀特海在前面加上“感官”一词，特别用来指称感官知觉直接获得的认识。“感官觉察”直接提供给我们的就是连绵不绝的自然，也就是“事件”，觉察从中得到的是“成分”或“要素”(factors)。思想的客体则是个别的“存在”(entities)；面对连绵不断的自然，如果不经过思想的分析，我们就无法排除那些无穷且不相干的事物，以取得有限的真理。“要素”的主要内容是“关系者”(relata)，“存在”的主要内容是“个别性”(individuality)。简单地说，感官知觉是一个人直接的主体性经验，思想则涉及对外在客观事物的辨识。感觉的客体是具体的经验内容，思想的客体则是没有内容的“抽象存在”。然而，直接知觉的经验内容如果不经过思想的辨识，便无法构成科学知识。

II－3－3　《相对性原理》：关系性认知与附属性认知的区分

在《相对性原理》中，“体会”成为所谓“关系性认知”(cognizance by relatedness)，而“认知”则成为“附属性认知”(cognizance by adjective)。前者在于认识事物的时空关系和其他事物之间的内在关系，是和我们的特殊经验联系在一起的。后者则是对于事物的属性或构成宇宙的要素的认识。[①] 举例而言，我们说“这是一块红色”，这是指我们意识到某个事物有“红色”的属性，这种“红色”就是我们通过“附属性认知”而认识到的事物的“要素”。然而，我们对红色事物的认识并不止于单纯的红色属性。我们进而发现这种红色的事物处于某地，并且在观察它时，它占据了一定的绵延或持续，这样的自然知识就是“关系性认知”。[②] 觉察借着对事物属性的认知，把握了事物“要素”的性质；借着对事物与其他事物之间的“关系性”，把握了事物被认识时的背景。有时，一个“要素”既是事物的性质，也是事物的背景。怀特海认为，同时对一个“要素”能取得“附属性认知”与“关系性认知”，那就是“充分的觉察”(full awareness)。

---

① A. N. Whitehead, *An Enquiry Concerning the Principles of Natural Knowledge*, New York: Dover Publications, Inc., p. 18.

② A. N. Whitehead, *An Enquiry Concerning the Principles of Natural Knowledge*, New York: Dover Publications, Inc., pp. 62－63.

"充分的觉察"是清晰的体悟，这时事物的内在性质及其与其他"要素"之间的关系，就直接地昭然若揭了。

II-3-4《科学与现代世界》与《过程与实在》的摄入

从上分析可知，构成科学知识的科学客体是从具体经验中抽象出来的事物的永恒性质，绝非流变事物本身。人们一旦混淆抽象概念与具体实在，就会造成误置具体性之谬误。怀特海对科学抽象观念的这种反省，以及对人类认识能力的双重区分，一直贯穿在他整个的哲学思想之中。之后，在《科学与现代世界》里，"体会"与知觉经验被扩大为"摄入"，也就是有机体作为"能知主体"的功能。[①] "摄入"之为非认知的体会，广义地从自身的角度含摄一切在时空之中认知与非认知性的客体。[②]

到了《过程与实在》中，"摄入"从统摄客体的认识作用，发展为最基本、最具体的存在之一；自然界最具体的事实就是摄入的过程，也是构成存在的存在原理。根据这个原理，一切存在之所以产生、发展、更新，均出于其本身为一个"能摄入的主体"。"摄入"是"关系性的具体事实"，是构成存在或者"现实存在"的具体元素。"摄入"使得"现实存在"具有"矢量性质"，产生与外在世界的关系，并且涉及"现实存在"的情绪、意图、评价与因果性。因此，可以说"摄入"是所有存在"生成"的主要作用，而宇宙万物之所以能不断更新变化，也是因为"摄入"的功能。[③] 由此可见，"摄入"在怀特海有机哲学中具有极其重要的地位。也正因此，怀特海研究者认为，"摄入"概念的提出是怀特海有机哲学最重要的贡献之一。

三、怀特海哲学的时代意义

III-1 怀特海的自然哲学概念

由上所述可知，百年之前怀特海发展出来的有机哲学有其一贯之

① 这里的"能知"是指广义的主动摄入，但并不限于认知，认知只是摄入的一种形式而已。

② 怀特海说："知觉一词，照一般的用法就是指认知性的体会。体会一词也就是这个意思，只是前面'认知性'的形容词给省略掉而已。我会用'摄入'一词表达可能是或者可能不是认知性的体会。" A. N. Whitehead, *Science and the Modern World*, New York: The Macmillan Company, 1925, p. 69.

③ A. N. Whitehead, Process and Reality, xi., *Science and the Modern World*, p. 23.

道：不同于现代科学的自然概念——自然是由物质性的、时空不连续的、刹那质点累聚的、机械因果的、作为心智抽象客体的、死寂无意图的原子构成的，而他所阐述和彰显的自然的概念，则是活生生的、有生命节律的、时空连续的、绵久广延的、彼此相关的、作为经验的具体客体的、不断创进的有机整体，这也就是他所理解的自然哲学应当揭示的自然。他的自然哲学不但恢复了传统哲学的功能，努力以普遍的思辨去掌握自然的实相，而且也突破了传统哲学的功能，对现代科学的宇宙论进行了批判，进而结合当代科学的最新发现，开辟出崭新的西方科学哲学思潮。

III－2　爱因斯坦的同时性概念

20世纪影响怀特海最重大的科学新发现，便是爱因斯坦的相对论和哥本哈根学派的量子物理学。对于量子论，怀特海相当肯定，而对前者提出的同时性概念，他则多有批评。[①] 根据爱因斯坦的说法，两个空间上有距离的物理事件，不能说在时间上绝对同时发生，只能说相对于某个测量系统而言是同时发生的。例如，闪电时伴随着雷声，应该是同时发生的。但是，对一个观察者而言，闪电通过光速传播，因此能较早到达观察者的视觉；而雷声通过声波传递，其速度较慢，实际上并未同时到达观察者的听觉。又如，在地球上相隔遥远却同时发生的两个物理事件，例如上海和台北附近同时落下陨石，相对于不同观察者的系统而言，这样的同时性并不是绝对的。从太空飞行器看到这两个事件，或者从高速飞机上观察这两个事件，都未必能给出一致的同时性。但是对怀特海而言，我们对于不同空间却在相同时间存在的物理事件，有着具体直接的经验，也就是说，同时性的概念并不是物理测量的结果，而是出于知觉者的体会。

III－3　诺思罗普的分析

根据诺思罗普的分析，怀特海一再反对爱因斯坦的同时性概念，其理由有三。一是基于爱因斯坦的物理空间关系论而来的同时性概念限

① 怀特海曾经对爱因斯坦同时性理论提出的批评，主要见于《自然知识原理研究》第四章“全等”和《相对性原理》第四章“某些物理科学原理”。A. N. Whitehead, *An Enquiry Concerning the Principles of Natural Knowledge*, New York: Dover Publications, Inc., pp. 51－57; *The Principle of Relativity with Applications to Physical Science*, London: Cambridge University Press, 1922, pp. 61－88.

制了感官察觉所知：同时性实为在空间中遥远的事件，和观察者观察到的事件是同时发生的物理事件——这便是怀特海的现象空间关系论。以此，根据爱因斯坦的理论，有关在空间上遥遥分离的物理事件，其同时性这样的科学知识，就不是单纯的、由感官觉察所知的，而是由设定的理论所知的——也就是通过其演绎结果间接地推论而得，并不是直接的体会。如此接受爱因斯坦的同时性概念，将会造成自然二分的谬误：我们直接知觉到的同时性是真实的却不可知，而由理论推得的同时性是不真实的却可知。二是因为受到柏格森的过程第一学说的影响，怀特海把绵延或持续和过程看作是首要的。那么，我们就可用时间概念来定义次级的空间概念。根据他的说法，由我们的感官觉察所揭露的最初事实是所有直觉给予的、在一个不断流逝的过程之中的自然广延性。显然地，我们直接体会到的东西就是我们所体会到的每一件事。根据怀特海的描述，这是一个广延的多样合成物，而我们并没有直接感觉到最大的或者最小的广延性。且在这个多样合成物里，绵延和流变直接被知觉到是其本性的构成。我们直接感受到的不是刹那中的自然，也不是几何学上的点；我们直接直觉到的是广延中的多样合成物，即那种经历时间和流变而持久的存在。感官察觉支持了流变的首要性。怀特海在自然哲学时期称这样的流变是“事件”，是“关系性认知”的客体。事件彼此之间有内在关系性，有些是联结过去的，有些是联结现在的，有些则联结到未来。事件的内在关系性是透过广延的关系达成的，而这种广延不能被区分为空间的广延和时间的广延。怀特海指出，直觉给予的自然界中所有事物的同时性，在于空间上现在直接发生的一切，因而与所有非同时发生的事件——无论是在过去还是在未来——区隔开来了。因此，他成功地根据时间概念界定了空间关系；空间是事件同时发生的关系，同时发生的事件在时间上必然分不开，因此，它们一定是在空间上分开的。于是，怀特海成功地将同时性的概念运用在整个自然上，以界定在某个被给予的时间点上事件的空间关系性。其三，任何一个观察者确实可以直接感觉到同时性这样一个显然的事实，我们当然看到遥远的天空有一道闪电，接着就听到身边轰然作响的雷声。虽然这两个直接感受到的事件并不在一起——光速远快过声速，然而，不用管光速和声波是否分别从两个隔着等距离空间的事件传过来，我们对于它们的直接感受是同时发生的。对于两个空间上隔开的事件，有着直觉地被给予的同时性知识，是个别观察者特有的感官觉察。至于爱因斯坦所提出的物理的同时性概念，则是基于相同参照架构，所有观察者所作的公共有效的同时性概念。[①] 所以，前者符合我们的直接直觉经验，而后者则是科学理论提供给我们的物理概念。

III-4 爱因斯坦作为科学家的傲慢

在20世纪，爱因斯坦的同时性概念比起怀特海的同时性概念，当然具有更大的影响力。根据诺思罗普的描述，他曾经亲自访问过爱因斯坦，并和他提到了怀特海的同时性学说。爱因斯坦说："我简直无法了解怀特海在说什么。"诺思罗普回答说："要了解他并不难。当怀特海肯定在空间上分开事件的同时性，有一种直觉被给予的意义的时候，他是指直接感受到的现象的事件，不是指设定好的公众的物理地被界定的事件。同时性就这点而言，显然是正确的。我们当然可以看到现在在遥远的视觉空间中有一道闪光，然而同时我们也听到身旁的一声雷响。他这么主张的理由，只是说唯有这样的同时性，可以处理他想要解决的认识论上的哲学难题，那就是只有一个直觉被给予的事件连续体，以避免现象事件和设定的物理界定的公共事件被二分。"爱因斯坦回答说："这就是他的意思吗？那真是太好了！如果他说的是真的，那么许多问题都可以解决了。可惜这只是一个神话。我们的世界并不是那样简单。"经过短暂的觉思后，他说："根据这个理论，两个观察者谈论相同的事件就没有意义了。"[②]这里，爱因斯坦对于怀特海的同时性学说显然表达了科学家的傲慢态度：如果不根据公众设定的物理标准来讨论事件的同时性，那便失去了意义。至于诺思罗普，虽然对怀特海的学说做了一定的分析和阐释，但是他却遗漏了其最重要的部分。对怀特海而言，直觉的、感官察觉的客体，不只是一个物理事件，更是一个生命历程。关于这一点，诺

---

① Filmer S. C. Northrop, "Whitehead's Philosophy of Science", in ed. P. A. Schilpp, *The Philosophy of Alfred North Whitehead*, pp. 187-200.

② Filmer S. C. Northrop, "Whitehead's Philosophy of Science", in ed. P. A. Schilpp, *The Philosophy of Alfred North Whitehead*, p. 104.

思罗普完全没有理解到，以至于他认为相较于爱因斯坦，怀特海的学说是失败的。① 然而，从哲学追求全体经验的立场看来，怀特海的论点则更为周延，且点明了科学概念过度抽象的不足。

III－5　怀特海之为后现代哲学家

III－5－1　有机哲学与后现代科学

虽说怀特海的同时性学说在爱因斯坦的眼中，甚至于在大多数哲学家的眼中，不值得重视，但对于少数杰出的“后现代科学家”而言，其观点却极具吸引力。我们若以牛顿古典物理学作为“现代科学”的基础，那么量子物理学便可说是“后现代科学”的基础。怀特海的有机哲学深受这一“后现代科学”的影响，这使他深得英国量子力学家大卫·玻姆(David Bohm)和比利时热力学家普里高津(Ilya Prigogine)的重视和欣赏。他们都是深具人文素养的科学家，也一致认为科学与哲学的鸿沟可以透过“有机体”的观点加以化解。② 根据17世纪伽利略、笛卡尔、培根与牛顿的科学思想所发展出来的现代物理学，基本上是以机械唯物论和数学形式主义为预设的。亦即认为自然的终极事实是处于绝对时空中的物质，其运动变化遵守机械的物理法则，并可以数学测量来描写。后现代物理学则是指挑战现代科学的爱因斯坦相对论、量子力学等。根据爱因斯坦相对论，时空不是绝对的，不是物理测量的架构，时空是相对的“时空连续体”。自然的终极事实不是质量，而是能量。根据量子理论，能量的活动并不依循机械因果的必然法则，只是基于几率性的零散运动。至于“量子现象”更显示观察实验的本身，会影响到被观察的客体；一个本来是粒子的电子可能表现为波动的行为，而本来是波动的光线，也可能表现为粒子的行为，这取决于它们所处的“实验背景”而定。如此一来，事

① Filmer S. C. Northrop, “Whitehead's Philosophy of Science”, in ed. P. A. Schilpp, *The Philosophy of Alfred North Whitehead*, p. 200.

② 根据卢卡斯(George R. Lucas Jr.)的说法，怀特海的思想影响到物理学家与科学家，包括爱丁顿(Arthur Eddington)、吉恩(James Jeans)、普里高津、玻姆。他的思想也和海森堡(Werner Heisenberg)、德布罗意(Louis deBroglie)、卡佩克(Milic Capek)等科学家接近。受限于作者的科学知识，本文仅取其中与怀氏关系最为密切的两位科学家，玻姆与普里高津加以讨论。George R. Lucas Jr., *The Rehabilitation of Whitehead An Analytic and Historical Assessment of Process Philosophy*, Albany: State University of New York Press, p. 47.

物的性质取决于其所处的实验背景；而这正违反了“机械唯物论”关于事物的性质独立于实验背景的论点。

III－5－2　玻姆的量子理论

根据英国物理学家玻姆的说法，量子理论的这种特性使科学家开始从“有机的”观点，而不是“机械的”观点来看待自然。事物与其所处的背景脉络之间有着密不可分的交互关系，而不是单纯地作为参照架构而已。机械论一向主张物质占据特定的时空，彼此之间并没有远距离作用，拥有所谓“局域性”与“连续性”。量子论则主张，在某种情况下，即使远距离事物之间也可互相关联，即所谓“非局域性”与“间断性”。量子论还主张整体可以把部分组织起来，而部分也可影响整体，整体与其部分之间有内在关系，这与机械论的看法根本不同。①

“量子现象”展示出自然界无法以机械规律加以解释的另一层面，使我们可以发展出一种“更为完整、非机械论的物理学”。“机械论”主张宇宙自然是由基本粒子构成的，这些基本粒子散布于空间之中，彼此独立，互相外在，各据自性。基本粒子之间并没有有机的关系，因而无法形成整体，只能像机器零件而已。粒子之间以撞击推动的方式，只是外在的相互作用，不至影响到粒子本身的性质。“量子论”的出现，打破了上述的机械观。量子运动不是连续的外力作用，而是断续的跳跃。量子同时具备质量与能量的双重性质，也拥有“非局域性”。量子现象显示部分与整体之间有“内在关系”，而不只是“外在关系”。根据这些不同于“机械论”的观点，玻姆发展出一种“无隙的整体观”。“机械论”认为宇宙基本上是由分散的物体所构成的，至于有机生命和心灵的发展乃是次要的。

III－5－3　玻姆论隐序

玻姆认为，事实正好相反，内含与开展的整体运动才是基本的。就某种程度而言，整个宇宙主动地隐含在宇宙的每个部分之中；整体内含于部分之中，而部分则会展示为一个整体。因此，宇宙中部分与整体之

---

① David Bohm, “Postmodern Science and a Postmodern World”, in D. R. Griffin ed., *The Reenchantment of Science Postmodern Proposals*, pp. 57－65.

间的内在关系才是基本的，而机械论所主张的外在关系则是衍生的、次要的。前者显示宇宙的“隐序”，后者则显示其“显序”。于是，玻姆认为，根据量子论，我们可以发展出不同于机械论的“后现代世界观”。“现代世界观”的思维方式是零散的、不和谐的、毁灭性的，而“后现代世界观”则是有序的、和谐的、创造性的。事实上，自然与人文世界已内含于我们的思想历程之中；这个世界正是我们的生命意义之泉源。后现代科学如果采取整体观点，必定能克服事实与价值、伦理与物欲的对立二分。[①]虽然玻姆的想法或有过度乐观之嫌，然而他已体认到，量子物理学所带来的新观点足以动摇机械因果决定论的宇宙观。

III-5-4　量子论动摇了机械论

玻姆认为，量子论动摇了机械论的宇宙观；宇宙秩序不再是可认知的、可预测的法则，我们所能把握的只是局部的现象。这便使得 20 世纪的“现代心灵”倾向相对主义和实用主义乃至怀疑论，丧失了追求绝对真理的兴趣，从而失去了追求整体的人生的意义。人生若是失去意义，价值便无从安立。因而这也使得现代社会陷入毁灭的危机。因此，玻姆建议我们应该发展一种后现代世界观，以化解世界秩序濒临解体的困境。现代世界观将人生意义与宇宙事实分割开来，而后现代世界观则意在将二者重新结合。物质与意识、事实与价值都是一体的，不可分割。科学本身也有不可摆脱的道德本质，真理和美德对科学知识而言，占据相同的地位。玻姆的观点与怀特海的构想十分契合。怀特海曾受到后现代科学，尤其是量子物理学的影响。他的有机体思想符合量子理论的理念，甚至可以说，他是这一学派的思想先驱。玻姆不仅认同怀特海的有机体思想，他也同意怀特海对实在的看法：实在即过程。不过，量子理论是以微观宇宙为解释客体的，不如热力学更能说明实在即过程的意义。

III-5-5　普里高津论热力学第二定律

1977 年诺贝尔奖得主普里高津(Ilya Prigogine)曾经针对这个问题

---

① David Bohm, “Postmodern Science and a Postmodern World”, in D. R. Griffin ed., *The Reenchantment of Science Postmodern Proposals*, pp. 63 - 68.

作过精辟分析。他在与斯唐热合著的《从混沌到有秩》一书中指出，时间在现代物理学里没有地位。根据现代物理学，物质粒子所构成的宇宙是死寂的、被动的自动机器，受到可逆的、因果的、决定论的物理法则所支配，但却独立于时间因素的影响之外。因此，时间对现代物理学而言，只是一种常数，过去与未来可说同量等值。他的说法与怀特海对“简单定位的物质概念”所作的批评完全一致，也大致等同于柏格森批评科学将时间“空间化”之意。然而，自热力学第二定律被发现以来，人们引进了“时间之矢”的概念。从此，时间便成为解释自然不可或缺的因素，物质也不再只是被动的实体，而是能主动活动的过程。普里高津承认，后现代自然观与柏格森和怀特海的形而上学极为接近，但他自己仍坚持从科学的立场发展出不同于他们两者的第三条道路。[①] 普里高津认为，在古典物理学里，“时间”问题没有地位。然而对于柏格森和怀特海这样的哲学家而言，“时间”勿宁扮演着极其重要的角色。前者立场可称之为“实证的”立场，后者则可称之为“形而上的”立场，他本人则拟采第三种立场，主张传统物理学与化学简化了时间的演化，或是因为这些科学只考虑简化情况，而不曾顾及真相的复杂性。

III－5－6　可逆与不可逆

这里我们必须简单说明热力学第二定律。根据机械论，在一个封闭系统中，质能守恒互换以及物体的运动都是“可逆的过程”。然而根据热力学第二定律，热能在封闭或孤立系统中，会产生“不可逆”的变化，较热的部分会朝向较冷的部分耗散其能量，直到该系统的温度达到均衡为止。耗散作用造成热能失散，使原本保持均衡状态的系统趋向混乱，即所谓“熵”。如果把宇宙看作是一个封闭系统，视其演化为不可逆的历程，那么宇宙的“熵”将趋向于最大值。但是，演化的事实却显示宇宙日趋高度复杂与组织化；因为所有的自然过程皆处于开放系统中，而不是封闭系统中。因此，不可逆的自然演化不是“耗散的”，而是“创生的”。事实上，任何新的事物或结构的出现，并不是出于其处于均衡状态（一个系统中各种性质如温度、压力、密度均完全相同）的系统，而是出于系统

---

① Ilya Prigogine and Isabelle Stengers, *Order out of Chaos*, pp. 10－11.

的远离均衡态。在这种远离平衡状态中，物质不再是盲目的，而是开始有知觉，进而以各种不同方式对外在世界作出种种反应。普里高津认为，这种不可逆过程将时间引入了无时间性的机械宇宙之中，使得物质不再接受机械的因果决定，从而得到选择机遇。相对于机械唯物论以决定论、简单性以及可逆性作为解释物质宇宙的核心概念，热力学以随机性、复杂性和不可逆性来作为解释自然演化的核心概念。

III－5－7　普里高津论怀特海

西方思潮自17世纪科学兴起以来，形成了人文与科学、机械论与目的论的对立之势；而热力学第二定律却为这些对立搭起了桥梁。普里高津明确指出，怀特海正是少数相信科学与人文可相互结合而不对立的哲学家。他观察到自然的创化，不可能只是出于永恒不变的物质粒子之间的运动变化。事物在变化之中，但仍有不变的成分，而哲学家的工作便是在协调自然的恒常性与变化性。事物本身便是生成的过程，生成便是"存在"的本质。怀特海强调事物与关系两者同样是真实的，存在是因为它们和这个世界不可逆的交互作用所形成的。今日的物理学已经发现，重新肯定各个单位和关系之间的区别和交互依赖的需要；交互作用是真实的，相关事物的本性一定衍生自那些关系，同时这些关系也一定衍生自事物的本性。怀特海对于自我一致性的描述，可见于基本粒子物理学对所有粒子之间普遍联系的肯定。

怀特海的有机体思想强调时间因素以及宇宙创造性进展的事实，视实在为过程，与热力学第二定律的核心概念"不可逆的过程"关系密切。从宇宙创造性进展的观点出发，他和柏格森一致肯定那些更为开放、广阔的科学概念。普里高津最后肯定地说，想要发展一个更宽广的科学，以化解科学与哲学之间的二元对立，只有修改我们的时间观念才有可能。否定时间，也就是把它化约成一个可逆法则所支配的存在，就是放弃界定一个能产生出活生生的存在。包含人在内的自然概念和自然假说，将会使我们在一个反科学的哲学和一个疏离的科学之间必须做出选择。[①] 普里高津对怀特海有机体思想的推崇，也显示出怀特海思想的后

---

① Ilya Prigogine and Isabelle Stengers, *Order out of Chaos*, pp. 93－96.

现代性格。溯本追源，怀特海的思想本是以批判现代科学观为起点的，本应当建立某种新的后现代科学观。所以，柯布与格里芬说怀特海是建设性后现代主义的代表人物之一，[①]应当说名符其实。

III-5-8　马林与麦克亨利(Leemon McHenry)

怀特海和量子物理学关系密切，也受到《自然喜爱躲藏》(Nature Loves to Hide)一书的作者马林(Shimon Malin)的重视。他发现爱因斯坦、玻尔、薛定谔和海森堡等物理学家都不是哲学家，也不曾想要建构一个哲学体系。但是，量子理论的核心秘密需要一个革命性的哲学观点，而怀特海的哲学体系正好补足这片空白。[②] 马林知道，怀特海的哲学和量子物理学之间不能完全密合，因为后者将经验排除在科学研究的领域之外。不过，他认为怀特海体系的客观层面确实符合量子物理学的发现。他说，当我们遵循习惯的思维方式，在量子物理学上感到奇怪和令人困惑的地方，却在怀特海的思维方式里变得简单自然。[③] 马林虽然肯定怀特海的过程形而上学，但他似乎将之误解为对实在论的批判，并试图以一种主观观念论取而代之。因此，麦克亨利(Leemon McHenry)批评他并没有真正掌握怀特海学说的细节。怀特海学说确实和量子物理学暗合，但他从来不否定实在论——也就是主张物质客体独立于意识存在的主张。虽然麦克亨利的说法有其道理，但他自己也没有切实掌握到怀特海的学说。怀特海虽然没有否定过实在论，但他的实在论并不止于物质客体的独立自存，更重要的是，他认为一切现实存在都有物理极和精神极，且拥有内在自发性的主体。心物主客并立，才是怀特海实在论的真谛。

---

① David Ray Griffin & John B. Cobb, Jr. & Marcus P. Ford & Pete A. Y. Gunter & Peter Ochs, *Founders of Constructive Postmodern Philosophy Peirce, James, Bergson, Whitehead, and Hartshorne*, Albany, State University of New York Press, 1993, p. 2.

② Shimon Malin, "Introduction", *Nature Loves to Hide Quantum Physics and the Nature of Reality, a Western Perspective*, Singapore: World Scientific Publishing Co., 2012, xiii.

③ Leemon McHenry, "Quantum Physics and Local Realism", *Process Studies*, 31. 1(2002), 166-169.

四、结语

IV-1 怀特海哲学的最后发展——过程神学

IV-1-1 《科学与现代世界》里的神

为了追求形而上学体系的完整，怀特海在他的哲学发展的最后阶段提出了神的概念。在《科学与现代世界》里关于神的那一章里，他开宗明义地说，他的神接近于亚里士多德的神，这是一个形而上的、哲学概念的神。只是亚里士多德的神是原动者，超越一切万有之上，其推动宇宙而自身不动；这种神的观念正如亚氏的物理学与宇宙论一般，不再为现代人所接受。怀特海于是以神作为"具体原理"取而代之；现实发生(actual occasions)与永恒客体(eternal objects)或与其他现实发生相结合，生成变化的过程本身，就是具体实现各种可能性的过程，而神则提供了一切可能性的原理。神同时也是"限制原理"；现实发生处于具体时空关联之中，本身即具有限制性。现实发生与永恒客体或其他现实发生的综合，原是一种限制。个别的现实发生有个别的限制，神是普遍的限制原理。[①] 同理，现实发生作为最基本的存在，是一个别的活动，神则是以个别活动为其样态的普遍"。怀特海以斯宾诺莎(1632—1677)的无限实体来比喻；神就是斯宾诺莎的一元无限实体："它的属性就是杂多样态个体化的性质以及永恒客体之域，后者则以不同方式与这些样态结合。"[②]神作为普遍的限制原理，同时提供个体活动的各种标准与价值选择。可以说，现实发生在生成变化的过程之中，之所以产生价值，正是出于神的限制原理。至于为何以神作为形而上的限制原理？难以宣说其理由。虽然所有的理性均来自于神，神自身只得说是终极的非理性。也就是说，

---

① 在变化生成过程中，现实发生与永恒客体相结合有无限的可能性，与其他现实发生相结合也有无限的可能性。永恒客体由外契入，使得现实发生由非存有变为存有，由潜存变为实现。永恒客体原为抽象的可能性，一旦契入，便具体决定了现实发生的性质，促成了现实发生的实现。同样的现实发生一旦进入另一现实发生之中，便成为其一部分，决定了新的发生的性质。怀特海因而以限制原理一词说明具体实在者在创化进程之中，一方面必受时空关系与具体内容限制与决定，另一方面则仍不失其可能性与未来。A. N. Whitehead, *Science and the Modern World*, New York: The Macmillan Company, 1925, p. 174.

② A. N. Whitehead, *Science and the Modern World*, New York: The Macmillan Company, 1925, p. 177.

神是超越理性解释的。[①] 怀特海于是诉诸于直接的宗教经验与宗教直观；对于超卓无上存有的宗教经验是人类文明历史上的事实，并不是空洞的抽象理性所能发现的。[②] 在这个阶段，怀特海的神论近乎于斯宾诺莎的泛神论：不同于有神论以神为世界的超越原理，创造世界之后即超然独立于世界之外，斯宾诺莎的神是世界的内在原理，神内存于世界之中，世界内存于神之中。不过，斯宾诺莎的神是建立在实体-偶性形式上的，且为一个无目的意图的神，这与怀特海的构想颇有不同。

IV-1-2　《过程与实在》的万有在神论

在《过程与实在》中，怀特海的神论则发展成了“万有在神论”：神既超越现实世界，又内在于现实世界。[③] 神之为真实存有，与一般现实存在并无不同；只是神没有过去。现实存在具有心物两极，神也同时具有心理层面与物理层面：就前者而言，神的概念摄入以永恒客体为对象，造成它的原初性质；就后者而言，神的物理摄入以现实世界为客体，造成它的继生性质。事实上，正是借着神的原初性质，给予一切潜存的永恒客体无限制的概念评价，才能使得尚未契入现实存在的永恒客体不致堕入虚无。而神自身具备主体性目的与原初欲望，这便给永恒客体与现实存在提供了“秩序”和“创新”，以及二者之间的真实联系。[④] 怀特海说：“神这个观念是内在于现实世界中的一个现实存在，但它超越了有限的

---

① A. N. Whitehead, *Science and the Modern World*, New York: The Macmillan Company, 1925, p. 178.

② A. N. Whitehead, *Science and the Modern World*, New York: The Macmillan Company, 1925, p. 179.

③ 所谓万有在神论是指一种综合有神论与泛神论的神学观。有神论主张神是一个创造世界、超越世界的无上存有，神本身纯粹、永恒、绝对、完美、无限、完全实现，任何与上述概念相反的性质，均不适用于神。泛神论者如斯宾诺莎则主张，神虽为能产的自然（*Natura naturans*），亦为所产的自然（*Natura naturata*），神不得自外于世界。万有在神论综合有神论以神超越世界，泛神论以神内在于世界的观点，提出神既超越又内在于世界的理论。神原为难以言宣者，任何引发对立的概念均不足以片面地表达神。所有对立的概念相反相成，神既为完全的实现，也是无上的潜存；既为主动，又为被动；既为存有，又为变化生成；既为严格的绝对者，又为普遍相对者；既为永恒，又为暂时。哈茨霍恩(Charles Hartshorne)认为，怀特海的神学观与德国观念论者谢林与费希特一致，可称作是万有在神论。Charles Hartshorne and William L. Reese eds., *Philosophers Speak of God*, Chicago: The University of Chicago Press, 1976, pp. 1–16.

④ A. N. Whitehead, *Process and Reality*, New York: Macmillan Company, 1929, p. 31.

宇宙纪元——是一个同时是实现的、永恒的、内在的、超越的存有。事实上并不是只有神具备超越性，每一个不断创新的现实存在均能超越它的宇宙，神也包括在内。”[①]“如果没有神的干预，这个世界就不会有新生事物，也不会有秩序。整个创造的过程会变成无效果的一片死寂，各种不兼容的力量将排除一切平衡与强度。”[②]于是，怀特海的有机哲学以神为最原初的“有机体”；在神的主体性目的与原初欲望的影响之下，所有派生的现实存在聚集成为通体相关的协同体。但是，这种原初的有机体（神）不是创造主，而是价值提供者：“神并没有创造世界，它只是拯救世界：或者更确实地说，它是这个世界的诗人，怀着温柔的耐心，以它对真美善的关照引导世界。”[③]如此一来，怀特海的神既保有宗教信仰上所必需的爱、美和善的性质，又摆脱了传统宗教信仰以神为造物主的角色，成为只提供一切价值与可能性的哲学意义上的神。

IV-2　怀特海哲学的发展三阶段

综上，怀特海有机哲学思想的发展至少经过三阶段：一是以事件和客体为核心的本体论与认识论阶段；二是以有机体论为核心的形而上学阶段；最后则是以现实存在、创造性、过程、神为核心的宇宙论阶段。就哲学议题而言，有机哲学从批判科学唯物论开始，在知识论上渐次发展出知觉论、摄入论、符号论等理论，在本体论上提出现实发生论和永恒客体论的学说，在宇宙论与神学方面，则主张过程宇宙论与万有在神论。其思想体系庞大完整，堪称20世纪最重要的哲学理论。

IV-3　中国哲学家与怀特海：方东美与程石泉

在20世纪30年代，中国哲学家方东美（1899—1977）于1927年开始引进怀特海的哲学。在他的《科学哲学与人生》一书提及怀特海（他译为“怀赫迪”）的《科学与现代世界》一书，并同意其大多数观点。[④] 其后，方东美认为怀特海的有机哲学符合中国人重视有机整体的思维模式，不

① A. N. Whitehead, *Process and Reality*, New York: Macmillan Company, 1929, p. 93.
② A. N. Whitehead, *Process and Reality*, New York: Macmillan Company, 1929, p. 247.
③ A. N. Whitehead, *Process and Reality*, New York: Macmillan Company, 1929, p. 346.
④ 方东美：《科学哲学与人生》，虹桥书店1927/1965年版；俞懿娴：《方东美看怀特海》，《中国过程研究》，中国社会科学社出版，第五辑，第1—14页。

仅强调宇宙万物整体相关，且以创化生为其过程，与《易经》精神若合符节。而怀特海哲学和华严宗哲学也多有沟通之处，若能在本体论、方法学、概念、思想范畴上，乃至整个理论系统上作比较，“假如你要真能得着这个结果，那么 You will cut yourself a great figure in philosophy（你将成为哲学界伟大的人物）。”[①]与他亦师亦友的易学哲学家程石泉深受影响，[②]也特别看重怀特海——主要见于其《思想点滴》《中国哲学与怀特海》《易学新论》等书。其中《中国哲学与怀特海》是他于 1988 年在台中东海大学举行的“中国哲学与怀德海”学术研讨会论文集。另外，他对华严佛学与怀特海过程神学之间的关联，也多有关注。[③] 2002 年他曾亲赴济南山东大学，参加周易研究中心主办的“百年易学研究回顾与前瞻国际学研讨会”，发表“易形而上十玄门”一文，意欲与怀特海“形上范畴”之说匹比。同年六月在北京，他参加由美国加州克莱蒙特神学院过程研究中心与“北京师范大学价值与文化研究中心”合办的“怀特海与中国国际学术研讨会”，发表“怀特海与易经”（“Whitehead and the Book of

① 意即你将会在哲学上卓然成家。方东美：《华严宗哲学下册》，黎明文化事业公司，1981 年版，第 411—413 页。

② 方东美与程石泉年仅差九岁，二人情谊在师友之间。当时方东美甫自美学成，返国任教于南京中央大学（东南大学），程石泉原为数学系高材生，因方东美而转攻哲学。后程石泉旅美廿六年，历任美国匹兹堡大学、宾州州立大学教授。师生久别重逢，方东美曾作诗《赠门人程石泉》，收于《坚白精舍诗集》。诗云：“曾向锺山伴老松，琼华秀出锦屏峰，色融丽日晴霞地，香泛希声密义钟。横溢生机侔造化，搴来元气与陶镕，随云舒卷存天壤，缥缈游文喜再逢。”程石泉亦酬诗云：“一碧荒江绕大庠，山城处处惹愁肠。为宽月夕怀云树，来坐春风话海桑。靖节有诗多咏史，灵均无字不传香。奇情浩浩绵千古，但速孤舟百尺樯。”“锺山”即南京锺山，中央大学时在南京。“老松”指校园内有一株六朝时留下来的千年古松。石泉先生原籍安徽歙县，寄籍江苏海洲连云港，该地有名山云台，名峰锦屏。中央大学后方有梁武帝三次舍身的同泰寺，寺中香烟缭绕，时作暮鼓晨钟。东美先生以此回忆师生二人徜徉于南京中大的故景，乐得有石泉先生为门人。石泉先生则以东美先生人格高洁、诗文高雅足以比配陶渊明与屈原。师生情谊深刻，可见一斑。详见程石泉“纪念方师东美先生”（1977）一文，收于程石泉著、俞懿娴主编：《中国哲学综论——石泉先生论文集（上）》，文景书局 2007 年版，第 108—110 页。

③ 程石泉：《思想点滴》，台北：常春藤书坊，1986 年版；“‘易经’哲学与怀德海机体主义”，东海哲研所主编：《中国哲学与怀德海》，东大出版社 1989 年版，第 1—20 页；“易之时用”，《易学新论》，文景书局印行 1986 年版，第 31—63 页。

Changes")一文，极具批判性与原创性，值得重视。[①] 程石泉对怀特海可谓推崇备至，他称较之亚历山大(Samuel Alexander)、柏格森，"只有怀德海堪称近世第一流哲学家"，其"哲学思想之广度和深度远在笛卡尔、康德之上，将垂世而不朽"。[②] 对于三者(怀特海、方东美和程石泉)之间的关系，作者曾发表"中国哲学家与怀海德相遇"等文说明之。[③]

IV-4　令人激赏和遗憾的怀特海

无疑地，中国哲学家对怀特海哲学深具兴趣与善意，尤其是因为他曾在《过程与实在》中说过，他的"有机哲学采取的立场，似乎更接近某些印度或者中国的思想，而不是接近西亚或欧洲的思想。前者把过程看作是终极的，后者把事实看作是终极的"。[④] 这番话表明了他对中国思想的认同。中国哲学与怀特海共有的有机圆融思想，值得珍惜。我们在 21 世纪，若想追求合乎人道的生态文明，巩固全球人类成为永续发展的有机生命共同体，便应当重视这样的中国哲学与怀特海哲学。

持平而论，怀特海确实是 20 世纪西方的伟大哲学家。在面对当代西方反传统哲学洪流之时，他坚持哲学有其必要性与价值。在后现代哲学家宣称哲学的工作便是在对构成世界观的各种因素：观念、理想、价值、意义、目的、人格、语言、文化等等进行"解构"之时，他以批判现代科学世界观及其预设为起点，肯定哲学的思辨功能，坚信理性与经验的结合，足以使我们认识事物之间的关系。怀特海称他的哲学是"有机实在论"。他不仅反对现代哲学家的"科学主义"，也与解构的后现代哲学家"反形而上学""反实在论"以及"反理性论"的"虚无主义"立场判然有别。

---

① 程石泉："《易经》与怀德海"(The *Book of Changes* and Whitehead)，俞懿娴译，《哲学与文化》"创化与历程专题"，2007 年 6 月，第 397 期，第 11—26 页。该文收录于程石泉先生的哲学论文集《中国文化之未来——程石泉哲学论丛》，2007 年由上海古籍出版社出版。

② 程石泉："易之时用"，《易学新论》，第 46—57 页。

③ 作者曾于 2002 年 5 月台中东海大学哲学系主办的第二次"哲学与中西文化：反省与创新"学术研讨会时，发表"中国哲学家与怀海德相遇"一文。嗣后以"Two Chinese Philosophers and Whitehead Encountered"为题，于 2005 年刊载于《中国哲学期刊》(*Journal of Chinese Philosophy*)。参见 Yih-hsien Yu，"Two Chinese Philosophers and Whitehead Encountered"，*Journal of Chinese Philosophy* 32：2 (June 2005)第 329—255 页；亦可参见"方程二先生与怀德海相遇"，《东海哲学研究集刊》，第十三辑，第 111—150 页。

④ A. N. Whitehead，*Process and Reality*，New York：Macmillan Company，1929，p. 9.

“虚无主义”否定一切价值理想、观念意义、最终目的，唯遂一己情绪之好恶，必将丧失自我批判（批判“虚无主义”自身）或自我反省的能力，导致个人与社会的终极毁灭。解构性后现代哲学虽然不是一无可取，在批判反省科技为害、打倒独裁主义、关怀弱势团体、解放受压迫的性别与阶级以及重视生态环保等议题上，解构性后现代哲学家们可谓颇有贡献。但是，不可讳言的是，在颠覆传统之余，即使以多元论——价值与社会的多元——为掩护，后现代哲学亦已步上虚无主义的不归路。[①]

不过令人遗憾的是，怀特海虽然是个思想超卓的哲学家，但他本人仍然受限于欧洲人优越感的思维定势。在《科学与现代世界》中他曾说道：“成功的有机体改变它们的环境。……例如北美洲的印地安人接受他们的环境，导致广阔的土地只有稀少的人口，勉强覆盖了整个美洲大陆。而欧洲人种当他们抵达美洲大陆时，采取了另一个相反的策略。他们直接合作，改变了他们的环境。这个结果是他们以超过印地安人 20 倍以上的人口，现在占有相同的土地，而整个美洲大陆还没有完全被占领。”[②]怀特海在这里的想法与社会达尔文主义者几无二致；从哥伦布起，欧洲人侵略殖民美洲，屠杀原住民，以高度发展的社会组织与武力技术为后盾，“成功地”改变了美洲的环境。但是，对这种违反人道、泯灭人性的帝国主义行径，欧洲人并未得到应有的反省自觉，结果导致今日世局纷乱，人类文明岌岌可危。就这点而言，欧洲人及其后裔当即时醒悟，多向古老的东方文明学习长生久视之道，这样或可使人类免于无尽沉沦于暴力霸权的罪戾。

---

① 俞懿娴：“怀海德与后现代世界观”，《东海大学文学院学报》（第四十四卷），2003 年 7 月，第 246—278 页。

② A. N. Whitehead, *Science and the Modern World*, New York: The Macmillan Company, 1925, p. 205.

第四章 《自然知识原理研究》的开创性贡献[①]

杨富斌

《自然知识原理研究》是怀特海撰写的第一本自然哲学著作。这一著作的写作背景及其提出的主要创新观点有哪些？本章试图对此作初步说明和评析。

一、《自然知识原理研究》的写作背景

《自然知识原理研究》(*An Inquiry on the Principles of Natural Knowledge*)一书是怀特海于1919年在剑桥大学出版社出版的一部重要的自然哲学著作，或者说一部重要的科学哲学著作。怀特海思想研究者通常认为，这一部著作是怀特海在其思想和理论发展的第二时期第一部重要的学术著作，也是其从第一时期侧重研究数学和逻辑转向自然哲学研究后的第一部著作。

1915年、1916年和1917年，怀特海连续发表了三篇论文，其标题分别是"空间、时间和相对性"(Space, Time and Relativity)、"思想的组织"(The Organization of Thought)和"某些科学概念的剖析"(The Anatomy of Some Scientific Ideas)，这是怀特海发表的第一批通常可称

---

① 本文系作者主持完成的国家社会科学基金后期资助项目《怀特海过程哲学研究》后续研究成果。

为“哲学的”著述。这些著述后来收集在《思想的组织，教育与科学》(1917年)一书中出版，并且在《教育的目的及其他》(1929年)中略有删节后再版。在此基础上，他就开始撰写这一部以探讨自然知识原理为研究对象的著作——《自然知识原理研究》(1919年)。

长久以来，怀特海一直偏爱空间关系论，从来不喜欢绝对空间论。1910年在他给《英国大百科全书》第11版撰写的论文“几何学公理”中，他说几乎每个物理学家那时都不承认绝对空间论了，但是他们在暗中却都还在使用着这种理论。因此，在1914年之后的四年里，他对物理学的传统假设进行了广泛而有新意的抨击，并根据知觉材料对精确的空间和时间概念提出了详尽的建构。《自然知识原理研究》就是这一研究的成果。在1914年的一篇论文中他曾明确指出：“这些观念的基本顺序是，首先是处于关系中的事物世界；其次是空间，其中的基本存在物要根据这些关系来界定，而且它们的属性是根据这些关系的本质推演出来的。”①怀特海所理解的几何学是物理学的组成部分。他曾在一篇论文中指出：“几何学著作，就其被看作可应用于物理空间的科学而言，只是物理学研究的第一部分。它的主题不是‘物理学引论’，而是物理学的组成部分。”②在处理物理对象之间的关系时，怀特海将所有直接关系都视为因果关系。他主张，物理学必须思考的唯一事实，乃是物理宇宙在某种时间流逝中的状况如何决定未来的状况。

二、《自然知识原理研究》的研究主题

按照怀特海在该书“前言”中所说，这部著作研究的主题涉及到当时三个主要的思想潮流，他称之为科学运动、数学运动和哲学运动。

首先，从科学运动方面看，以相对论和量子力学为代表的现代理论物理学以其关于物质和电的本质的革命性理论，使得“什么是科学的终

---

① 【美】维克多·洛著：《怀特海传》(第二卷)，杨富斌、陈伟功译，北京：商务印书馆2018年版，第17页。

② 【美】维克多·洛著：《怀特海传》(第二卷)，杨富斌、陈伟功译，北京：商务印书馆2018年版，第19页。

极材料"[①]这一问题成为当时亟待解决的重大问题。怀特海在《自然知识原理研究》中所特别关注的问题就是这一问题。在他看来，人类首先应当发现其自身的行为是如何进行的，进而才有可能讨论自然知识得以形成的基本原理。因此，他在这部著作中不仅深刻而具体地分析了科学的终极材料是以感觉客体为基础的物理客体和科学客体，而且在明确区分感觉客体、知觉客体、物理客体和科学客体的基础上，深入而详细地探讨了知觉客体、物理客体和科学客体的形成、特征及其在科学理论形成过程中的不同作用和意义。在他看来，"科学的创造先于对科学材料的分析，而且还有可能伴随着接受错误的分析"，因此，把人们进行科学创造的知觉过程和理性抽象过程探讨清楚，这是进一步分析科学材料的前提和基础。

其次，从数学运动方面看，数学在 19 世纪末和 20 世纪初有了长足的进步，尤其是非欧几里得几何学的发展和 19 世纪以降的批判性研究，已经对数学的本质产生了重要的影响和启发。但是，关于几何学的这些新探究，作为某种抽象的科学，是从各种假设性的前提之中推演出来的。它们是否适合于描述我们生活中其中的客观世界，几何学如何能与物理科学结合起来，用抽象的数学方程式和几何学原理来描述现实世界，几何学的"空间何以能植根于经验之中"等诸如此类的自然哲学问题，当时的物理学家和几何学家主要地都是在各自的领域内自说自话，很少有人试图把这二者从内在的原理上打通。而怀特海自从在剑桥大学三一学院毕业留校讲授和研究数学以来，却一直在苦苦地思索这些所谓"应用数学"问题。通过其前期的《数学导论》《数学原理》研究，以及这一部《自然知识原理研究》和后来陆续撰写的《自然的概念》和《相对性原理》等著作，他正是想要系统地回答这样一些涉及自然哲学根本问题的问题。

在《自然知识原理研究》一书中，怀特海通过对新的数学运动进行深入研究后发现，"现代相对论(即爱因斯坦的相对论，而不是牛顿的相对论学说。——引者注)对于这个问题的解答开启了新的可能性。拉莫

---

① 【英】怀特海著：《自然知识原理研究》，剑桥大学出版社 1919 年英文版，第 4 页。以下凡引此书，只在引文后面的括号内注明该书页码，即本书边码。

尔、洛伦兹、爱因斯坦和明可夫斯基，这些伟人前后相继的辛勤劳作，给我们开启了一个全新的思想世界，并且揭示了空间和时间与知觉知识的终极材料之间的关系。”（第6页）而怀特海在这部著作中主要关注的是，“为由此而出现的更为现代的观点提供物理学的基础。全部探究都建立在如下原理之上：关于空间和时间的科学概念是根据经验而进行的最简单概括的首要成果，并且它们并不是在一大堆混乱的微分方程的末端被发现的”（第6页），而是根据经验由人的直觉直接地概括出来的。他强调说，坚持这一立场和观点并不是指爱因斯坦所提出的广义相对论和引力论被拒斥了，而是指这里的分歧是如何对这些科学成果进行哲学解释的问题。这样，对最新的自然科学和数学的成果进行分析和说明，自然地就把讨论带入自然哲学的讨论之中了。

最后，从哲学运动方面看，虽然自近代以来，欧洲有一大批哲学家，如贝克莱、康德、休谟、穆勒、赫胥黎、罗素和伯格森等人，都先后对这些相关哲学问题进行过深入的探讨，然而关于知觉知识的客体即自然界，却是他们的讨论中缺乏深入探究的，因为这不是他们关注的重点。而在怀特海看来，自然哲学所要重点关心的应当是自然界，而不是认识者与认识如何综合的问题。而这一区别就把自然哲学与传统的思辨形而上学区分开来了。也就是说，怀特海认为，西方传统的形而上学通常关注的是认识者与认识的综合，即着重考察的是认识者与认识的关系，而自然哲学则是应当侧重考察知觉知识的客体即自然界，应当回答作为知觉对象的自然界究竟是什么的问题。怀特海在这部著作所要做的工作，就是要通过确定科学的终极材料，或者知觉的客观对象，进而探究自然知识的来源和本质等相关问题。在他看来，我们关于自然界的各种难题，如果只是诉诸于思考某个能认识自然的心灵，而不去具体地探讨作为身体和心灵相统一的活的机体如何去把握自然界，那是根本不可能予以解决的。自然哲学研究的主题应当是那些已有的自然知识如何达到内在的融贯性问题，其所要解决的难题应当是这些已知的自然知识在本质上究竟是什么、是关于什么东西的知识问题。

当然，怀特海以其一贯的谦逊风格明确地指出，这部著作中的研究只是对上述问题尝试进行某种探讨，其中所提出的难题比其声称已解决的难题还要多。他认为，在任何哲学著作中，这种情况都是在所难免的，不管是多么完善的著作也大都如此。人们充其量所能寄希望于完成的事情，乃是设置一些正确的难题，提出一些正确然而有待说明的问题，并因而在进一步深入那些深不可测的神圣性方面向前迈进一小步。

三、《自然知识原理研究》的创新性观点

《自然知识原理研究》共分四个部分，第一部分侧重分析“科学的传统”，其中提出的重要观点主要有如下几个：

第一，**揭示了传统的科学概念所存在的主要缺陷，乃是坚持牛顿经典物理学的绝对时空观和静止不动的物质质料观。**根据传统的科学概念，占支配地位的原理是认为时间的绵延和空间的广延体现着非连续性。这个原理中所隐含的假设是，在时间或空间上相互分离的各种存在物之间不可能有因果作用，并且空间的广延和存在的统一性是不一致的。这样一来，就会坚持同一物质可以存在于不同的时间上。**物质在没有持续性的瞬间分布于全部空间之中。这就是包括自然界在内的终极事实。**依据这种观点，速率、加速度、动量和动能等概念，在自然界中就没有任何存在的余地了。因为没有时间绵延的物质根本不可能有速率、加速度、动量和动能。在怀特海看来，这是传统的科学概念(实际就是我们现在所说的现代科学概念)所存在的重大缺陷。

第二，为了克服传统的现代科学概念所存在的这些重大缺陷，有必要引入“变化状态”的概念。在怀特海看来，倘若没有变化状态这样的终极事实，我们就不可能进行科学的分析。而一旦在科学研究中引入了“变化状态”的概念，那就会摧毁传统的科学概念中关于科学的终极事实(即惰性的物质或质料)存在于无持续性的瞬时或刹那之中的基本假定。

第三，在生物学中，有机体概念不可能根据瞬间的物质分布来表达。在怀特海看来，有机体的本质乃在于，它是可发挥作用的事物，并在空间中伸展着，而只要发挥作用就会占用时间。因此，**生物有机体乃是具有时空广延性的统一体，这种统一体就是其存在的本质。**这里，怀特海已开始致力于以生物学尤其是达尔文进化论为基本科学依据，而不只是以

物理学为科学依据来说明时空的统一性了,这成为其后来在《过程与实在》中明确地提出其“有机哲学”(the philosophy of organism)的基础。

第四,**自然界的终极事实不是静态的和惰性的物质性质料,而是动态的和非实体性的事件。这是怀特海为了说明现实世界的时空统一性而提出的基本假定。**在他看来,这些动态的、非实体性的事件是由它们的时空关系而联系起来的,并且这些关系都可以还原为事件的属性,因而它们可以包含其他事件,而这些其他事件因此也成为它们的组成部分。这样建构起来的关于时空的复杂本质的说明,可以表明科学中的终极事物是相互联系的。而且这些联系并非是实体性的物质质料之间的联系,而是事件之间的联系。依据这种理解方式,我们就可以更加清楚地把握和说明科学的终极材料。

第五,当时占主导地位的哲学上的空间相对性原理是指,空间的各种属性不过是处于空间中的事物之间的关系而已。传统的空间概念就是围绕这种绝对空间概念而构成的,因而在说明客观事物方面虽有一定的简单性,但却导致了以混乱的方式承认“瞬间自然”,即不占时间的自然,而对经验中明显的物质的连续性则不能予以说明。在怀特海看来,科学的终极事实乃是瞬息万变的当下内容,而不是无持续性的瞬间内容。传统科学概念中坚持终极存在的无时间的瞬间这一概念,乃是造成科学说明的所有困难的根源之所在。而在事实上,传统科学概念中的绝对空间和绝对时间一样,都是传统的思辨形而上学的怪物而已。(第8页)

第六,传统认识论认为知觉是在心灵之中的,而普遍的自然界则是在心灵之外的。怀特海指出,这种起源于笛卡尔二元论哲学的基本观点一定会导致所谓“贝克莱困境”。贝克莱从唯心主义观点出发对传统的机械唯物主义提出的批评,对任何传统类型的坚持“心灵—观察—事物”这样的认识路线的哲学都是致命的。怀特海指出,如果科学认识可以设想把外部的客观事物都清除掉,使科学仅仅成为计算精神“现象”或“印象”的公式,那么,科学就成为纯粹的精神游戏或痴人说梦了。怀特海分析说,康德的先验认识方法,其关键是假定“意义”是具体经验中的基本要素,这是正确的。而贝克莱困境的出发点则是隐讳地忽视了经验的意义，因而提出了同事实毫无关联的经验表达概念。在贝克莱本人看来，经验是有意义的，这表明经验与意义是可区分开来的。康德的立场则与贝克莱的立场正好相反，坚持意义就是经验。休谟接受了贝克莱的假定，即坚持经验是某种给定的东西，亦即一种印象，但他认为这种印象在本质上同经验并没有关系。怀特海则坚持认为，"意义"是事物的关系性。"当我们说意义就是经验时，这是在断定，知觉知识不过是对事物的关系性的理解，即对处于其自身的诸关系之中的那些事物的关系性和作为被关联的那些事物的关系性的理解。……而实际上，所谓事物的属性永远可以表达为它们与其他不具体不明确的事物的关系性，而且**自然知识唯一地只同关系性有关**。"（第12页）

第七，**自然知识的主题乃是事物的关系性，而只有参照知觉的一般特性，我们才能真正理解事物的关系性。**我们对自然事件和自然客体的知觉，就是来自于自然内部的知觉，而不是来自于自然外部，即人作为主体站在自然之外去苦思冥想地觉察整个自然界。怀特海特别强调，我们的自然知识来自于自然内部，而不是外部；并且这个自然界是被我们意识到了的自然界，也就是被我们所知觉到的自然界。这一观点同马克思所说的"观念的东西不外是移入人的头脑并在人的头脑中改造过的物质的东西而已"①，在基本的认识论观点上是完全一致的，可谓英雄所见略同。而且人们所认识到的东西不只是这些事物本身，还有这些事物的关系。他还特别强调，"**这些关系也不是抽象的关系，而是这些相互关联的事物之间所存在的具体关系。**"（第13页）

第八，"我们在本质上能知觉到我们与自然界的关系乃是因为它们现在正处于形成之中。**这种对当下活动的感觉就是自然知识中的本质性要素，自然知识把这种要素展示为某种自我认识，这种自我认识是由关于它同整个自然界在各个方面的能动关系的自然要素所具有的。自然知识只是这种活动的另一方面而已。**这种向前运行的时间展示着这种经验的特征，因而其在本质上乃是活动。自然界的这种流变——或者，换言之，自然界的创造性进展——乃是其自身的基本特征；而传统的

① 《马克思恩格斯选集》（第二卷），北京：人民出版社2012年第2版，第93页。

概念是试图掌握不具备这种流变性的自然界。”(第 14 页)也就是说,传统的科学概念试图掌握的是静止不变的自然界。

第九,“**根据旧的相对论,时间和空间是物质之间的关系;而根据我们的理论,它们是事件之间的关系。**”(第 26 页)也就是说,根据牛顿经典物理学的相对性理论,时间和空间是物质实体之间的关系,若是没有作为关系者的物质实体存在,就没有这一类时间和空间关系。而**根据怀特海所坚持的爱因斯坦相对论,时间和空间是事件之间的关系。**凡是事件一定是动态的、非实体的、广延的,因而没有关系就没有事件。在这里,**是关系决定事件,而不是相反,事件决定关系。**当然,就更不是事物或物质决定关系了。后来到《过程与实在》中,怀特海明确地概括说,根据他的有机哲学,与亚里士多德的观点相反,不是性质决定关系,而是关系决定性质。

第十,对恒常性的判断是识别,而**识别乃是我们的全部自然知识的源泉**。与此相应,虽然孤立的判断有可能会遭到拒斥,然而基本的和必要的是,对自然界的理性思考应当假定这一类判断的更大的部分里包含着真理,并且它们就应当产生于能具体地体现它们的各种理论之中。(第 56 页)这里,怀特海的论述所体现的真理观与后来的批判理性主义者波普的真理观是非常一致的:每一理论中都含有一定程度的逼真度。虽然不能把全部理论都看作真理,但真正的理论中总是包含着一定的真理性,尽管我们不能确切地确定其中哪一部分是真理,哪一部分是谬误。任何理论的这种真理性,都需要通过长期的和反复的实践来检验。直到今天,这一关于科学理论的真理观仍值得我们研究和借鉴。

第二部分讨论的是“科学的材料”,其中论述的主要观点有:

第一,构成自然界的各种要素是多种多样的,可称之为自然的多样化。根据不同的方法和程序,科学认识可以把自然界分为不同的存在。若是只把自然界归结为一种模式所获得的存在,这不仅是不完全的,还会漏掉其他模式所提供的存在物。而**不同的认识模式所产生的存在物是非常不同的。**

第二,由于不同的认识模式所揭示的存在物类型是无限多样的,我们应当把主要的注意力集中在多样化的五种模式上,这五种模式在科学理论中是极为重要的，它们是：事件、有感知力的客体、感觉客体、知觉客体、科学客体。这五种极为不同的存在物是由五种不同的方法所产生的，它们作为存在物唯一共同的特征是，**“它们全都同样地是由我们关于自然界的知觉为我们的知识所产生的主体。”**（第60页）这五种存在物也可被称为自然的要素或方面。

第三，**我们可以把客体看作是事件的特性，把事件看作是客体之间的关系**。或者，我们可以把不同种类的自然要素理解为每一种其他关系的承担者。这样一来，就可以把关系分为两类，一类是相同种类的自然要素之间的同质关系，一类是不同种类的自然要素之间的异质关系。怀特海强调，**自然要素之间的这些关系是基本的关系，自然要素是这些基本关系的被关系者**。在他看来，**关系和关系者是相互包含的**。实体哲学所理解的所谓“物质实体”或“精神实体”，实际上就是这些关系者而已。实体哲学在理论上的错误不在于承认和坚持物质实体或精神实体的存在，而在于没有看到这些**实体实际上是关系的承担者，并且这些实体的本质是由这些关系所决定的**，相反，实体哲学往往认为，正是这些实体决定了关系的存在，是实体的本质决定着关系，而不是关系决定着实体的本质。

第四，**事件是广延性的基本的同质关系的被关系者**。每一事件都会广延到作为其自身组成部分的另一事件之中，并且每一事件都会被是其自身组成部分的其他事件广延到自身之中。**自然界的外在性就是这种广延关系的结果**。现代哲学和科学往往只是看到了自然界的这种外在性，而没有看到自然界的内在关系性，当然更没有进一步看到，自然界的各种内在关系决定着其外在关系。

第五，广延关系把事件展示为现实的，也就是展示为现代科学通常所说的事实。并且由于其自身产生于时间关系之中的各种属性，它还把事件展示为关于自然界的生成性，即自然界的流变或创造性进展。因此，**事件在本质上是现实性的要素和生成性的要素**。事件一旦生成和完成，成为现实的事件，它就被剥夺了所有的可能性，决不可能再次发生，因为它在本质上正是当时当地的其自身。一个事件**正是是其所是，并且正是其如何联系的方式，除此以外，它什么也不是**。

第六，从上述意义上说，**“事件从来不会改变”**。（第 62 页）现实的事件只会流变或者消失，它本身不可能再变化了。即使我们事后可以人为地模拟或重演某个事件，但这种模拟的事件也不可能是“当时当地”的那个现实事件本身了。例如，我们可能会在法庭上模拟已经发生的某个刑事案件，但这种模拟并不等于那个实际事件本身。“过去的不可更改性就是事件的不可改变性。事件就是**是其所是，在其所在，就在那时发生，这是不可改变的。**”（第 62 页）据此看来，根据怀特海的观点，外在性和广延性是事件的特征。

第七，客体是通过认知而进入经验之中的。如果没有认知活动，经验就不会揭露任何客体。**客体会有变化，但客体方面的变化并不会减损其自身的永恒性，并且表现着它们与事件的流变之间的关系；而事件则既不是永恒的，也不会有变化。**事件（在一定意义上）是空间和时间，而客体则只是由于其同事件的关系而派生地处于空间和时间之中。在日常思维中，人们经常把客体与事件相混淆。**为了使客体与事件能清晰地区分开来，就要明确地区分感觉客体、知觉客体和科学客体。**我们要在思想上弄清楚，事件具有组成部分，而客体则没有组成部分；同一个客体可以存在于空间和时间的不同部分之中，事件则不可能这样。客体的同一性是重要的物理事实，而事件的同一性则只有微小的逻辑必要性，而在事实上则不可能。**我们可以把客体归之于某些事件，但不可能把事件归之于客体。**

第八，**知觉乃是对事件的觉察**。知觉的觉察是复合的。感官知觉有各种类型，在广度和强度上也有差别。自然界是直接当下的连续发生的流变，但我们的知觉的觉察却把它部分地分割开来了，使其分割为具有不同属性的分离事件。而在当下的发生之流内部，被知觉到的东西与尚未被知觉到的东西并没有明确地区分开来，因此，自然界中永远会有无限的东西需要我们去超越。“这种关于超越可区别的知觉的知识乃是关于外部性的科学学说的基础。”（第 69 页）这也是科学知识的客观性的基础和依据。

第九，从理论上说，我们当然既可以把自然界理解为事件，也可以理解为客体。但是，**把自然界理解为事件的方法是更为基本的方法，因为**

我们对自然界的意识直接地是对事件或者所发生的事情的觉察，这些事件乃是自然科学的终极材料。决定着事件之本质的各种条件只能由其他事件来提供，因为自然界中再没有任何其他东西了。**对客体的参照只是对事件的特征进行规定的方式，**或者把事件的特征具体化的方式。“认为客体是引起事件的原因，这种观点是错误的。”（第73页）“客体是被当作与事件有关的存在物；它们是事件中被识别出的事物。事件乃是根据它们自身之中所包含的客体，并根据这些客体如何被包含于其中而被命名的。”（第81页）这里，怀特海对事件与客体的关系的论述，值得我们特别地予以注意。

第十，**时间和空间的各种要素是通过重复地使用广延抽象法而形成的。**这种方法的重要性依赖于广延的某些属性，即依赖于经验证实的某些自然规律。除了它们是其所是以外，没有任何其他理由说明为什么它们应当如此。这里，怀特海对“广延抽象法”及其作用的说明，需要我们特别关注。只有运用广延抽象法，我们才能抽象出各种时空要素。若把这些抽象要素当做具体的现实存在物，就会犯怀特海后来在《科学与现代世界》中明确地概括出来的所谓“误置具体性之谬误”。这种谬误在科学研究中经常会存在，它不是某种逻辑错误，而是认识论上的错误，特别不容易被人们意识到。尤其是坚持实体哲学观点更不容易意识到。

第十一，**自然界存在着无限种类的客体。**对客体的知觉本质上是识别。怀特海认为，可以把模糊的识别叫做“收集”，把确定的识别叫做“记忆”。对外部自然界的觉察乃是对持续性的觉察。**对外部事件的觉察形成了感觉客体，而对有感知能力的事件的觉察则会形成知觉客体，这是在有意识的自然生命中才会形成的。**感觉客体的情形构成了我们的自然知识的全部根据，并且自然知识的整个结构都是建立在对它们的关系进行分析的基础之上的。**知觉客体通常被视为对处于相同情形中的感觉客体的联想。这种联想的恒久性就是被我们所识别的客体。**这表明“看到”与“知觉到”是不同的，例如严格地说，我们只能看到马的颜色，但我们看不到马，因为**我们形成“马”的概念是由我们的知觉造成的。**知觉客体可分为“错觉的知觉客体”和“非错觉的知觉客体”。**非错觉的知觉客体被怀特海称为“物理客体”**。例如，我们知觉到的桌子、椅子、大树、石头等,都属于物理客体。

第十二,**把某个事件理解为物理客体,这是对该事件的特征的最完全的知觉。**它表征的是对根本的自然规律的基本知觉。但是,物理客体尽管在知觉上有一致性,但却不可避免地具有模糊性,并且容易同事件相混淆,这便给科学哲学带来致命的混乱。**"这种错误源于没有把物理客体与其自身的情形(即事件)区分开来。"**(第91页)为了克服这种模糊性,科学家进一步区分出科学客体。**"科学客体并不是被人们直接地知觉到的,而是根据它们表现这些特征的能力而推论出来的。"科学客体表征着事件是如何成为条件的。**"换言之,它们表征着事件的因果特征。"(第95页)在怀特海写作这部著作的那个时代,物理学家们形成的"科学的终极客体是电子。每一个这样的科学客体都同自然界中的每一事件具有其自身的特殊关系。同确定的电子具有这种联系的事件叫做'场'。"(第95页)

第十三,**自然界具有二元性,一方面是创造性进展中的发展,这是自然界的基本的生成性。另一方面则是事件的恒久性,这是自然界中能够被认知的事实。**因此,自然界永远是新的,但是这种新总是与客体相关联的,而客体既无所谓新,也无所谓旧。(第98页)**科学所研究的通常是自然界中的恒久性,所揭示的就是自然界这种相对稳定的秩序和关系,我们通常称之为自然规律。**

第三部分主要讨论的是"广延抽象法",也就是,运用数学语言和方法探讨了广延关系、交集、分离和剖分,讨论了持续性、瞬间和时间系统,讨论了几个有限的抽象元素,主要是绝对素数与事件粒子、路径、立体、体积等,还讨论了点和直线、止态性和全等,以及运动的相关问题。这一部分的论述非常专业和技术化,在自然科学原理上并没有提出特别重要的新观点,但是,怀特海从数学原理上对这种广延抽象法所作的论述和说明,值得自然哲学研究者予以关注。而对这一部分内容不感兴趣的读者,怀特海认为,可略去不读。

第四部分主要讨论客体理论。其主要观点有:

第一,我们把客体看作位于空间之中,强调的是位置概念。这种空间中的位置概念不同于置身于某个事件之中的存在概念。关于**客体的**

情形这一概念，作为科学的终极材料之一，从逻辑上说是不可定义的；而关于**客体的位置**这一概念，根据该客体的情境概念则是可定义的。这里的关键是，怀特海把客体的位置与客体所处的环境——“情形”相区分，强调二者的不同意义，特别值得我们关注。因为“位置”概念是静态的，而“情形”概念则是动态的，从动态的观点看客体与从静态的观察看客体，其结果是完全不同的。

第二，正是通过物理客体的种种属性，客体的原子属性通过数学计算而同事件的广延连续性结合起来了。如果没有这些物理客体，数学物理学就不可能出现了。从这个意义上说，**数学上假设物理客体的存在是合理的，自然界也的确存在着物理客体。**但是，承认这个假设的必要性，并不等于对这一问题的探究就没有必要了。为此，怀特海对物理客体的属性及其与感觉客体、知觉客体和科学客体的关系做了探讨。这些探讨对于我们深入细致地理解科学的研究对象及科学知识的本质具有重要的启发。

第三，**因果特征只有作为表象特征的功能，才能被我们直接地认识到。**在怀特海看来，“因果特征乃是特征之特征。例如，作为测量的结果，我们赋予物理客体的那些特征，乃是其表象特征之特征。”（第 185 页）从一定意义上说，**因果特征是那些表象特征的结果。而作为科学的观念，因果观念则要求这些因果特征应当是那些表象特征的来源。这种观念的颠倒是什么原因造成的呢？怀特海对此做了说明。在他看来，因果特征比表象特征更为恒久，并且它们几乎完全依赖于事件本身。从感觉客体上升到知觉客体，再从知觉客体上升到科学客体，以及从复杂的科学客体上升到终极科学客体（如电子），此乃是科学坚定而持续地寻求简单性、恒久性和自足性的表征。**而物理客体的引入，则能使我们考察事件的特征，以扫除无边无际的非正常知觉的怪癖。科学的目的现在已经致力于把我们的知觉展示为我们对事件的特征和事件特征之间的关系的觉察。**因果概念无非是那种部分可以说明整体的概念**，或者说，是“一些”可以说明“所有”的概念。物理客体由于表达了非错觉的知觉对象，因而可表达事件的特征。但是由于物理客体缺乏确定性和恒久性，因而它不能满足科学的要求。这样，科学客体的出现就是必不可少的了。因此,**因果特征,作为表象特征之特征,表现为某种类型的科学客体。**

第四,**《自然知识原理研究》一书的目的是通过考察物理科学的基本材料和经验规律而说明自然知识原理。**因此,关于知觉客体,因为它在某种意义上是在自然界以外的,因而对它的理论探讨实际上超出了该书的研究范围。但是,自然界包含着生命。对生命进行讨论时可以发现,有些客体是有生命的。或者准确地说,有些客体表征着生命,或者说承载着生命。**个体的生命乃是超越纯粹客体的存在。**当某个客体被认做客体时,就不再有生命了。而有生命的存在,一定是某个客体具有了关系特征。当我们说事件是活的时,通常会抑制对客体的必要参照。反之亦然。例如,当我们说树林中有一只鸟是活的时,我们实际上抑制了树林是活的这一事件。

最后,**生命是有节奏的。**生命保持着其自身的节奏表达方式,并且保持着其自身对节奏的敏感性。生命正是这样的节奏,而物理客体则是节奏的平均值,它们在自己的聚集中并没有构成任何节奏,因而质料本身是无生命的。**从这个意义上说,凡是有某种节奏的地方,就必定会存在着生命。**因此,节奏就是生命。只有在节奏的意义上,才能说生命包含在自然界之中。

四、简单评析

马克思曾经指出:“人体解剖对于猴体解剖是一把钥匙。反过来说,低等动物身上表露的高等动物的征兆,只有在高等动物本身已被认识之后才能理解。”[①]依据这一方法论视角看,我们对怀特海思想发展的理解,根据其后期成熟时期的代表作《过程与实在》等,对其思想发展早期的这一部自然哲学著作,可以做出如下几点评论:

首先,该书是自相对论、量子力学和现代生物学等重大科学理论创立以来,从自然哲学角度自觉探讨自然知识的本质和特点及其相关原理

① 《马克思恩格斯选集》(第二卷),北京:人民出版社 2012 年版,第 32 页。

的一部重要的科学哲学著作。前面概述的基本观点虽然不甚全面，难免挂一漏万，但已足以显示出这一部自然哲学著作的重要学术价值。与大体上在同一时期出版的英国理论物理学家和科学哲学家爱丁顿的《物理科学的哲学》等从哲学层面反思相对论和量子力学中的哲学问题的同类科学哲学著作相比，这部著作从事件思维视角切入对自然知识的研究，以作者创立的广延抽象法来分析时间、空间、事件和客体的关系等，对于我们今天学习和研究科学哲学的人们来说，仍然具有极其重要的借鉴意义和参考价值。正如恩格斯所说，“随着自然科学领域每一划时代的发现，唯物主义也必然要改变自己的形式。”[①]相对论和量子力学的创立和生命科学在20世纪以来的巨大进步，绝对称得上是自然科学领域中划时代的科学发现，然而对相对论和量力子学以及生命科学的哲学概括、解释和反思，到怀特海那个时代为止，甚至直到今天，西方哲学界似乎并没有划时代的哲学概括，其基本的哲学思维方式仍然停留在以笛卡尔为代表的二元论思维方式和以机械唯物论为代表的实体思维方式上。达尔文的生物进化论曾经为马克思主义哲学的创立和进一步发展提供了坚实的科学理论基础，对此恩格斯在《自然辩证法》《反杜林论》和《费尔巴哈和德国古典哲学的终结》等著作中曾予以高度评价。但是，在马克思和恩格斯生活的时代里，相对论和量子力学还没有问世，因此他们不可能对其做出哲学的概括和总结。虽然马克思和恩格斯根据进化论等科学理论和黑格尔辩证法等哲学理论天才地创立了唯物史观，并对客观事物的联系和发展做了极其深刻的说明，特别是马克思对社会有机体和辩证思维方式的论述，迄今散发着真理的光辉。例如，马克思曾明确地说：“我的观点是把经济的社会形态的发展理解为一种自然史的过程。”“现在的社会不是坚实的结晶体，而是一个能够变化并且经常处于变化过程中的有机体。”[②]“辩证法在对现存事物的肯定的理解中同时包含对现存事物的否定的理解，即对现存事物的必然灭亡的理解；辩证法对每一种既成的形式都是从不断的运动中，因而也是从它的暂时性方面去理

① 《马克思恩格斯选集》(第四卷)，北京：人民出版社2012年版，第234页。

② 《马克思恩格斯选集》(第二卷)，北京：人民出版社2012年版，第84页。

解;辩证法不崇拜任何东西,按其本质来说,它是批判的和革命的。”[①]恩格斯甚至明确地概括马克思主义哲学对世界的本质的基本观点是,“世界不是既成事物的集合体,而是过程的集合体。”[②]这里,就连哲学用语都是与怀特海过程哲学大体相同的。但是,马克思和恩格斯阐述的这种辩证思维方式对马克思主义哲学学派以外的其他西方哲学家的影响并不太大,因此,在现代和当代西方哲学流派中,实体思维和二元论思维方式迄今仍然占据主导地位,似乎是不争的事实。从这个意义上说,推动整个现当代西方哲学思维方式实现过程转向,从哲学理论体系上辩证地扬弃西方实体主义思维方式和二元论思维方式,从过程-关系视域系统地阐述过程宇宙论和过程-关系思维方式的现当代西方哲学家,唯有怀特海是这方面最杰出的代表和领军人物,因而他被当今中西方学术界视为“过程哲学”创始人,这应当说是实至名归。王夫之说:“名非天造,必从其实。”怀特海作为过程哲学创造人是无可争议的。尽管对于过程思想,东西方文化和哲学史上已有很多伟大的思想先驱,例如古代哲学家赫拉克利特、近代哲学家黑格尔、现代哲学家詹姆士等,甚至马克思和恩格斯无疑也是过程哲学思想的伟大先行者,他们所阐述的既唯物又辩证的哲学思想影响了一百多年来东西方哲学的发展,尤其是唯物辩证法思想的继承者,包括伟大革命导师列宁、毛泽东等革命家和哲学家,都深受唯物辩证法思想的影响。然而,作为一种系统的过程哲学,或者说作为一种“过程唯物主义”(维克多·洛用语)思想的阐述者和创立者,在中外哲学思想史上非怀特海莫属。如果我国学者能把马克思和恩格斯的唯物辩证法思想与怀特海的有机哲学思想做出恰当的比较研究,并结合中国古代丰富的过程哲学和有机哲学思想,对相对论和量子力学以及后来问世的复杂性科学、信息科学和人工智能等科学进行深入系统的哲学概括和总结,真正实现我国不少学者所提倡和坚持的所谓打通“中西马”,即从学理上打通中国哲学、西方哲学和马克思主义哲学,那就一定会有望做出符合我们这个伟大时代精神的最新哲学概括,推动具有中国特

---

① 《马克思恩格斯选集》(第二卷),北京:人民出版社 2012 年版,第 94 页。

② 《马克思恩格斯选集》(第四卷),北京:人民出版社 2012 年版,第 250 页。

色、符合我国社会主义建设新时代的新哲学的创立，做出无愧于我们这个伟大时代的哲学贡献。

其次，怀特海在这部著作中明确地提出的“四种客体”说具有重要的认识论意义。通常，在科学认识论研究中，甚至在一般的哲学认识论中，人们通常只是区分了感性认识和理性认识，并深入地探讨了二者的辩证关系。即使哲学史上的唯理论和经验论之争，也只是在感性认识和理性认识何者更为根本的问题上进行争论，而对感性认识本身尚缺乏深入细致的理论分析。怀特海第一次从科学认识的角度和层次上，明确地区分出感觉客体、知觉客体、物理客体和科学客体，这是自然哲学研究中的原创性贡献。西方近代哲学家对感觉、经验的探讨虽然很细致，但并没有如此清晰地区分感觉对象和知觉对象，甚至经常把二者混为一谈。贝克莱提出的“物是感觉的复合”和“存在就是被感知”的命题，在某种意义上，就是混淆了感觉客体和知觉客体所造成的。休谟把因果关系归结为人们的心理联想，也同样具有这种尚未区分感觉客体和知觉客体的弊端，因而也导致了错误的哲学结论。而在现代科学条件下，当人们面对相对论和量子力学的最新成果做出哲学的解释时，同样因为没有在认识论上区分感觉客体、知觉客体、物理客体和科学客体，导致人们要么否定人的感觉客体的客观来源，把人的感觉当做纯粹主观的建构，要么难以说清人的主体能动性与客观实在之间的内在因果关系，从而进一步导致对因果关系做出了主观臆断的解释。同时，也可能因为人们没有明确地区分物理对象和科学对象，导致人们不能真正理解古典力学与量子力学的关系，不能真正理解微观粒子的波粒二象性和不确定性现象，不能对其做出正确的哲学解释，因而就连伟大的物理学家爱因斯坦也至死不承认量子力学所揭示的微观世界的不确定性，所以他才会执拗地说：“我不相信上帝是在掷骰子。”而怀特海在这里明确地区分出四类客体，不仅能清楚地说明感觉对象与知觉对象的关系，而且能进一步说明知觉对象与物理对象的区分，并强调只有那些非错觉的知觉对象才能构成物理客体，而这些物理客体本身仍然是变动不居的，难以被确定地把握，因而科学思维需要进一步做出抽象，把物理客体中那些具有特定特征的对象当做科学客体，在量子力学中这些客体就是“量子”和“场”等科学抽象，这样就为科学的确定性、明确性奠定了基础，也为以抽象的一般方程式来表达这些科学对象奠定了基础。科学对客观世界的因果关系的揭示，正是通过对这些科学客体的研究和概括而获得的，科学所揭示的自然规律本质上就是这些科学客体的内在规律。这便为科学知识亦即自然知识的本质和规律的哲学解释提供了科学的说明，也为以过程和关系为基础的科学认识论奠定了坚实的基础。

再次，怀特海在这部著作中对事件与客体的关系的论述也非常有意义，这对我们深刻理解实体哲学与过程哲学的根本区别具有重要的启发。无疑，以牛顿经典物理学为基础的现代哲学唯物主义，即怀特海所批评的"科学唯物主义"或马克思恩格斯所批评的机械唯物主义和形而上学唯物主义，虽然在坚持世界的客观实在性上其观点是正确的，这一观点要比各种唯心主义哲学以理念为出发点来解释我们所面对的实在世界更接近于宇宙的真相，但是，对于这个客观实在世界我们如何具体地去认识和把握，究竟我们人类作为认识者是从实体性的物质客体出发，还是从过程性的事件出发，这却是哲学认识论和科学认识论上两条不同的认识路线。在客观世界的运动变化和发展过程中，作为客体的物质对象无疑是明确的、确定的、相对稳定的，甚至是永恒不变的，因此，各种传统的实体唯物主义者强调物质实体（不管是宏观实体也好，还是微观粒子也罢）的第一性，这在原则上是正确的，并且也便于我们去认识和把握，同时这也符合人们的日常感觉和经验。然而，科学认识的本质恰恰是要超越日常认识，达到对客观事物本质的认识。我们不能因为在日常生活中天天看到太阳从东方升起，从西方落下，就否定现代天文学所说的地球围绕太阳转的客观事实。因此，我们必须超越直接的感觉和经验现象，达到对客观事物的本质和规律的认识。这就要求我们的科学认识不能仅仅局限于相对稳定的实体性事物，而要联系这些事物所处的具体情形及其运动变化来认识它们。正是在这个意义上，怀特海强调，我们应当以事件为出发点来进行认识。事件是动态的，相互联系的，实体性的事物只是其中的组成部分。只有从事件和整个大环境出发，才能深刻地理解事件中的客体，而不是相反。"横看成岭侧成峰，远近高低各不同。"从事件出发来观察客体，与从客体出发来观察事件，这种格式变换所导致的认识结果是极为不同的。怀特海后来所创立的过程哲学或有机哲学正是从事件为出发点而创立的。因此，这里对事件和客体的关系的论述，在某种意义上是一种崭新的哲学出发点，值得我们高度重视。

最后，这部著作对广延抽象法的论述，对我们深刻认识牛顿经典物理学和现代"科学唯物主义"或机械唯物主义的绝对时空观的错误根源，理解相对论和量子力学的时空观以及马克思主义时空观具有极大的启发。在怀特海看来，传统数学对"点""线""面"的界定，从纯粹数学上说是完全正确而有效的，也就是说，从纯粹的数量角度看是正确的。然而，倘若超出这一纯粹数量的界线，联系到客观的物质世界中的存在及其变化过程，那就没有任何数量的客观事物是完全同一的。也就是说，诸如 2+3 和 3+2 之类的数字，或者 A=A 之类的逻辑命题，只有在纯粹数学和逻辑上才有合理性，而一旦超出这一范围，现实世界中的任何两个东西都不可能是同一的，因而 2+3 所表示的事物与 3+2 所表示的事物不可能是同一的。数学上所假设的不占空间的"点""线"和"面"，在现实世界中是根本不存在的。那么，人们为何能得出这些抽象的概念，并且在数学上还是有效的，怀特海说，这实际上是使用了一种叫做"广延抽象"的方法得出来的。如果把通过广延抽象法所得出来的抽象结论当做客观存在的东西，这就会犯误置具体性之谬误。因此，正确理解怀特海在这部著作中首次明确提出的广延抽象法，是正确理解怀特海思想中一系列新概念、新思想和新观点的基础。

恩格斯在评论黑格尔的辩证思想时曾经说过："黑格尔的思维方式不同于所有其他哲学家的地方，就是他的思维方式有巨大的历史感做基础。""他（黑格尔）是第一个想证明历史中有一种发展、有一种内在联系的人。"他具有"宏伟的历史观"。"这个划时代的历史观是新的唯物主义世界观的直接的理论前提，单单由于这种历史观，也就为逻辑方法提供了一个出发点。"①我们认为，恩格斯对黑格尔辩证思想的这些评论同样也适合于评论怀特海的过程思想。

这部著作的不足之处主要在于：一是对有些自然哲学问题的阐述

---

①《马克思恩格斯选集》（第二卷），北京：人民出版社 2012 年版，第 12、13 页。

过于笼统和概括，主要是提出来一些有价值的问题，而对于这些问题如何进一步理解和分析，尚缺乏进一步的深入细致的论述，致使读者理解起来会有困难。而且明显的是，有些问题似乎没有说透说清，这也是他后来又进一步针对这些问题而撰写《自然的概念》《相对论性原理》等著作的原因。后两部著作可以说是为了进一步阐明他所提出的那些问题而写的。对此，他在这部著作前言中也曾有所说明。二是他在这部著作中使用了较多的数学公式，有些公式似乎并不是非常必要的。这些数学公式在很大程度上会影响对数学不感兴趣的读者去理解其所要阐发的核心观点。因此，他在后来的《自然的概念》中一般就不再使用数学公式了。

尽管这部著作有以上明显的不足，但从总体上说仍然瑕不掩瑜，仍然是我们理解怀特海自然哲学思想不可或缺的重要著作，同时书中所阐述的基本观点直到今天仍有现实的哲学意义，对我们反思和概括相对论、量子力学、现代生命科学和复杂性科学等现代最新科学成果的哲学意义，尤其是对它们做出正确的哲学解释，仍有重要的启发。正如我国工程院院士钱旭红教授所说，当今中国要尽快转变思维方式，接受量子力学给我们的思维方式带来的变革。他在 2013 年接受《中国科学报》记者采访时说："量子思维是一次激动人心的思维革命，而美国和日本抓住了这个机会，在发展中拔得头筹。"他认为，牛顿提出的经典力学及其思维方式中所强调的是机械、肯定、精确、定域、因果、被动、计划，而量子力学及其思维方式所带来的则是差异、可能、不准、离域、飘忽、互动、变幻。不同的思维方式将导致完全不同的世界观，进而对经济发展和社会进步产生不同的影响。从钱旭红院士的呼吁看，我国乃至世界上不少科学家和哲学家的思维方式迄今仍然停留在以牛顿力学为基础的确定性思维方式上。因此，辩证地借鉴怀特海的过程哲学思维方式，对我们今天转换和改变传统的机械思维方式，养成真正适应于相对论和量子力学等最新科学所蕴含的辩证的和过程-关系的思维方式，无疑至关重要。诚望怀特海早期的这些自然哲学著作能为这一转变发挥一定的作用。

第五章　怀特海宇宙论思维方式的思想特质与价值意蕴

韩秋红[①]

一、怀特海宇宙论对实体观念的超越

海德格尔说过，不是本体论的哲学不是哲学，是哲学首先必须是本体论。怀特海的宇宙论当已被认知判断研判为其本体论时，需要进一步研判的是其宇宙论是怎样的思维方式使以往哲学都在为柏拉图哲学做注解的基础上有所突破？如果是对古希腊自然宇宙论的超越，那么可否是对近代以来理性形而上学思维方式的超越？又与现代西方哲学诸思潮生发的现代哲学转向有何关连？这些问题似乎只有在对怀特海宇宙论的思维方式加以深入研究才有可能使其思想的价值意蕴得以彰显与佐证。

怀特海过程哲学宇宙论的思维方式是对古希腊朴素实体主义观念的超越。正如怀特海自己所言，过程哲学抛弃了思想的主词——谓词形式……排除了"实体——属性"概念……以动力学过程描述取代了（斯宾诺莎的实体哲学的）形态学的描述。这恰好是与以亚里士多德为代表的

---

① 韩秋红系东北师范大学马克思主义学部资深教授，博士生导师。全国优秀教师、宝钢奖优秀教师、国家精品课程主讲教师、国家"万人计划"教学名师；国家社科基金重大招标项目主持人；国务院政府特殊津贴获得者、吉林省第九、十、十一届政协委员；现任东北师范大学省级人文社科重点研究基地"西方马克思主义现代性理论研究中心"主任，东北师范大学外国哲学、国外马克思主义研究重点建设学科方向负责人；兼任中国当代国外马克思主义研究会副会长，中华全国外国哲学史学会、中国现代外国哲学学会常务理事等。

古希腊是其所是的形而上学一经提出便以主谓语的语言学方式，对本体论、存在论、宇宙论加以进一步描述与理解所不同，是将这种描述的形而上学或修正的形而上学（斯特劳斯语）从静态的语言分析与描述进展到动态的、有机的、过程的分析与运用。怀特海与古希腊哲学站在自然之外看自然、论宇宙、研存在的方式有所不同，其站在大地上以科学主义的方式说天体、谈关系、言宇宙。他说："关系支配着性质。所有关系在各种现实的关系中都有自己的基础。"①这里说到的现实及其现实关系均指自然的现实世界及其自然关系，必然包含着内嵌着自然现实世界中最基本最本质的因果关系。对此，怀特海有明确的说明："现实存在亦称现实发生，是构成世界（宇宙）的最终的实在事物。在这些现实存在背后再也找不到任何更为实在的事物了。"②即，在怀特海看来，现实存在的事物本身中存在着关系性属性，存在着内在的因果关系性，而包括近代以来的实体论说法，如笛卡尔的二元实体、斯宾诺莎的实体、属性、样式说，特别是休谟的因果性难题，只是承认了外在的关系而没有看到现实存在本身固有的因果关系性质。从内在关系性、本质性说明自然界的一切，似乎在怀特海看来才能说明物与物之间的关联、一物与多物的勾连、事物与自然的网连以及自然与人的直连，将其上升至关系意义上理解其性质、本质、本性，因果本性为何，关系本质何在，努力为各种现实关系中的存在找寻本质性基础，即为一切自然现实存在找到最强基。有效超越了古希腊哲学对宇宙万物之追问的单向度的实体主义的思维方式，走向了近代以来科学主义的认知思维方式，并对之有效实现的超越在于：以内在关系性思维克服主客二分思维，克服机械论的旧唯物主义；以动态塑型式的空间化思维方式解决自古希腊以来所有哲学为柏拉图哲学做注解的发生学的时间化思维方式，将自身思维方式之特质鲜明表征出来。

---

① 杨富斌：《怀特海过程哲学研究》，北京：中国人民大学出版社 2018 年版，第 139 页。

② 【英】阿尔弗雷德·诺思·怀特海著：《过程与实在》（修订版），杨富斌译，北京：中国人民大学出版社 2013 年版，第 23 页。

二、怀特海宇宙论具有经验价值的形而上学期待

怀特海过程哲学宇宙论的思维方式保有近代哲学具有经验价值的形而上学期待。怀特海过程哲学宇宙论的思维方式不仅是根植于实体和宇宙的，其内在表达着建构一种植根于审美价值更是经验价值的形而上学和宇宙论思想体系的愿望。形而上学、宇宙论思想体系是十七世纪的莱布尼茨—沃尔夫提出来的，并被命名为莱布尼茨—沃尔夫形而上学体系。而后康德也在此意义上使用，但康德赋予这一命题以新的内涵与外延——本体论、理性心理学、理性神学和宇宙论，将这些称为形而上学。这就表明近代宇宙论的根据在于近代的经验价值的形而上学。康德的宇宙论根植于或衍生于其形而上学，他认为形而上学是一种知识体系，理应包括自然形而上学（宇宙论、本体论）和道德形而上学（价值论、审美论），这是一个新的形而上学。宇宙、世界、必然等范畴在自然形而上学中起建构作用，自由、灵魂、上帝等范畴在道德形而上学中起建构作用。正是源于怀特海过程哲学中对宇宙论建构背后所保有的形而上学追求，罗素在其《自传》中提到“怀特海总是偏爱康德的”，即怀特海宇宙论的思维方式的形而上学建构总是诉诸于康德的构造原理与方法。这体现在怀特海过程哲学宇宙论的思维方式总是在勾勒出最一般意义上“实存”或“存在”可能性的必要条件，即任何可能世界中实存的必要条件。“但这样一个目标只是一个理想，而不是一个已实现的或可以实现的目的。”即，这一理想是有限的。怀特海的努力也达不到自己的目标。“但这一目标又构成了有待需求的目的以及这种寻求的尺度，尽管这一尺度可能永远也不能作为完成的事实得到充分实现。”因此，这充分体现了怀特海理解的宇宙论思维方式：形而上学（包括伦理学在内的）的思维方式应是有可错性、可修正性、反思性和不断超越性，因而对于宇宙的认识也必然是一个关系性过程。并且，在怀特海看来，形而上学的主要功能是提供一个一般性框架，这个框架在广度上是以解释最一般意义上的经验、事物本质、价值、审美和自由等。因此指望这一框架解释一切可能的经验是重走近代经验论之路；指望这一框架解释一切可能的理性、意识以及先验是重走近代唯理论之路，这都是极其浪漫和傲慢的理想。

这充分体现了怀特海理解宇宙的独特思维方式：宇宙论的思维方式应是在形而上学的知识论、价值论、审美论统一的思维方式中谈论并形成。“事实上，怀特海的整个形而上学和宇宙论体系，最好被解读为关于整个世界价值论原理（即那些源于一般价值论的东西）的延伸或概括。关于他的哲学的任何东西——从他的方法论到他对语言一般的而有时是深奥的使用——都带有这种审美的、价值的取向。”①

三、怀特海宇宙论内生于过程性认知

怀特海宇宙论思维方式内生于现代哲学存在论的过程性认知。问世于 1929 年的怀特海《过程与实在》一书，其副标题为宇宙论研究。从时间维度，怀特海哲学属于现代西方哲学；从空间维度，其哲学仍在西方哲学“三大阶段二大转向”视域上。为此，怀特海宇宙论的思维方式较为典型地体现了西方哲学的现代转向。在本体论上，传统西方哲学是基于人所认识的世界是什么样子的到人是否具有认识世界的能力的探讨。对于怀特海而言，这些是他进行哲学研究的前提性思想基础，以此为基础做怎样进一步的研究是关键问题，即，一定找寻到接着讲、自己讲的最大可能。因此，他把触角伸向 20 世纪西方工业文明社会的生活世界的真实状况：工业化进展之速度问题、科学技术使用与发明问题、人的生存境况与危机问题，等等，且把这些问题均视为宇宙论、形而上学问题。他认为，传统哲学本体论远离人赖以生存的真实状况讨论问题是无效的，因为本体论是哲学赖以生存的依托，哲学本体论不是讨论玄而又玄问题的，而是要为自己找寻到安身立命之本的真问题。哲学之本的真问题就应该是现实生活着的真实世界，怀特海将对这个世界的研究称为宇宙论。怀特海将自己的宇宙论建筑在 20 世纪以来现代科学理论的基础上，建筑在传统西方哲学对本体论不断追问的基础上，建筑在黑格尔之后诸多现代哲学思潮的基础上，实现了本体论哲学不仅仅是朝向认识论、语言学的转向，更是朝向实证性、生存论的转向。在认识论上，怀特

① 【美】罗斯著：《怀特海》，李超杰译，北京：中华书局 2002 年版，第 3 页。

海是经验论的综合主义，也是唯理论的科学主义。怀特海用近代哲学的认识论与方法论，较为系统地总结与概况了20世纪以来的最新科学成果，在概况与总结的过程中不断形成自己的研究方法。其运用自己创立的过程哲学，结合当时较为盛行的分析哲学，明确认识到相对论和量子力学是对十七世纪以来的力学思想的一种超越，相对论与量子力学对绝对时空观的批判和对孤立实体观的批判，包括对微观粒子的波粒二象性、不确定性的揭示，形成了怀特海过程思想的四维时空。怀特海运用自己形成的四维时空认知，进一步论说宇宙论。认为，宇宙有自己特殊的运行和衍生规律，这些规律在四维时空中具有内在、本质的创造性和能动性，表现为从一到多而成长的动态化、发展性、生成性的特点，形成宇宙生生不息的关系之网。将“世界不是既成事物的集合体，而是过程的集合体”（恩格斯语）的思想鲜明表征出来，将怀特海致力于提出一种新的认识论，即一种新的思维方式的努力实现出来。即，怀特海指出，认识论只有建立在本体论基础上，才有可能解决科学认知、认知判断等问题。人类之所以在不断努力奋斗发展以达成更理性更文明的社会，就是需要不断提升认知能力、认知判断。这需要坚持“任何存在的事物，就其与其余事物的联系的有限性而言，都是可以认识的”。“没有任何事物在本质上不可认识，随着时间的推移，人类可能获得一种洞察自然界其他可能性的想象力。”[①]这便将人类认识的能力、认识的本质、认识的过程等思想用“没有本体论的认识论无效”的论题，体现出本体论与认识论有机结合的思维方式、经验论与唯理论二元综合的思维方式，即是对近代哲学认识论的突破，也是对20世纪以来人类科学的推动与发展，有效实现了本体论与认识论相统一在价值论的哲学转向。在价值论上，同本体论与认识论相关联，怀特海本体论的宇宙动态论和认识论的有机统一论的提出都是为了解决人们现实生活中真实存在的问题，及其为问题的解决探索新的可能性。固然提出问题需要有一定的理论难度，但解决问题特别是拿出解决问题的新办法、新创举更需要理论勇气与实践智慧。在

① 【英】阿尔弗雷特·诺思·怀特海著：《思维方式》，刘放桐译，北京：商务印书馆2010年版，第39页。

怀特海看来,20 世纪以来的西方社会,伴随工业文明的进程和科学技术的发展,现实世界的社会(宇宙)出现一种异化状态。即,这个宇宙太单一化、单向度化、科技化,而在这一向度上,从未问过大自然的感受,从未追问过宇宙的存在本质、本性问题。怀特海说,认为自然界的特殊规律以及特殊的道德规则具有绝对稳定性,这是一种对哲学已产生许多损害的原始幻觉。[①]“道德在于对过程的控制,以便使重要性增加到最大限度”;“道德总是要达到和谐、深度和生动性的统一的目的,”[②]所以,怀特海提出用有机的、动态的、关系的宇宙生态论或曰生态价值论解决人类社会现实生活的异化问题,使其本体论、认识论在价值论维度上实现一种统一,完成其哲学向生态价值论的转向,代表着西方哲学现代转向的一大生发。

四、怀特海宇宙论建构的生态伦理图景

怀特海宇宙论思维方式建构了一种后现代主义生态伦理的图景。众所周知,伦理思想在柏拉图那里就已初露端倪,其美德即知识、知识即回忆、无人有意作恶等思想始终散发出追求人性真、善、美的光辉。这就表明在传统哲学那里,宇宙中除人之外的其他事物是被排除在伦理之外的。以此相对照现代伦理以美德伦理、规范伦理以及实践伦理(亚里士多德的意义上)体现,其内在包含生态伦理、商业伦理、科技伦理等等,这便在伦理的意义上确立了一种宇宙论图式。在这个问题上我们不能不说怀特海的宇宙论的价值观和思维方式有助于一种生态观点,有助于替代近代传统形而上学的机械论思维方式,指出由相互依赖的关系网络构成的现代世界只有用动态性、整体性、交错性、修正性的思维方式才能把握及认识,只有确立更加宏阔的宇宙论格局,才能够清晰地把握现代社会的特征。用这样的思维方式认识与把握现代社会,才使人类清楚地知道现代世界、现代社会、现代人类不仅是矛盾中的实在,更认识到实在是

---

① 【英】阿尔弗雷德·诺思·怀特海著:《思维方式》,刘放桐译,北京:商务印书馆 2010 年版,第 14 页。

② 杨富斌:《怀特海过程哲学研究》,北京:中国人民大学出版社 2018 年版,第 13 页。

根据关系得以规定，在关系的规定中才有实在的价值。实在是有价值的，是处在与其他事物的价值关系中的价值。同理，自然、环境和生态也是实在，也是关系规定中的实在，这样的实在其价值就不仅仅是自然的，而是社会的；不仅仅是客观、外在规定的，而是主观的、人类自我的生存理想；不仅仅是区域性、地域性的，而是整体性、地球性、大一统性的生态人类与人类生态。可见，怀特海宇宙论思维方式赋予现代社会以一种全新的理解方式，既是对近代以来机械论思维方式的克服与超越，也是对这种思维方式导致的"人类中心主义"的再审视、再认识和再理解，更是对生态视阈下的"人类中心主义"的再建构。为此，二十世纪后期以来，人类普遍在人与自然、人与科学技术改造下的环境、人与人和人的关系构造的生态文化的整体主义的意义上探讨人类的可持续发展问题、人类发展的无限空间问题、人类生存的危机问题以及人类生存的价值等问题。这些问题不能不承认是怀特海宇宙论思维方式对现代社会的贡献。

第六章 怀特海的事件哲学及其生态和文化蕴含

黄 铭[①]

世界的物质性毋庸置疑。但构成物质世界的终极是“实体”(substance)还是“事件”(event),却有两种观念之分。实体世界观一直占据主导地位,也是支配人们常识的根据。人们谈论事物,一般指在时间和空间中持续存在的物体,如石头、树木、动物等。说到事件,“不过是发生在事物身上的偶然,或者说事物所经历或经验的偶然而已。”[②]事件世界观则认为,世界的实际组成是时空中发生的事件,所谓物体只是事件演化的结果或重复出现的模式。事件世界观渊源深远,在古希腊哲学中,赫拉克利特相对巴门尼德认为,“生成”(becoming)先于“存在”(being),事件而非实体才是世界的最终本源。进入现代,“从怀特海到罗素到部分新实在论者,甚至也包括早期维特根斯坦的部分观点,都将‘事件’视为世界的基本要素”[③],而“对巴迪欧、德勒兹和怀特海而言,‘事件’取代任何对‘实体’的基本诉求,构成了他们的本体论的主要成

① 作者简介:黄铭,为浙江大学马克思主义学院教授、博士生导师。本章属于国家社会科学基金后期资助项目“现代性的批判和重构:马克思与怀特海的比较及中国意义”(19FKSB055)的阶段性成果。

② 【美】凯斯·罗宾逊著:《在个体、相关者和空之间——怀特海、德勒兹和巴迪欧的事件思维》,蒋洪生译,汪民安、郭晓彦主编:《事件哲学》,南京:江苏人民出版社2017年版,第81页。

③ 陈奎德:《怀特海哲学演化概论》,上海:上海人民出版社1988年版,第62页。

分。"[①]这凸显了世界的事件性。

一、事件世界的基本概念

1. 自然：事件与对象

世界观的原型是自然观，事件世界观根源于事件自然观。如何看自然，自然的终极是实体还是事件？若从事件看自然，自然的真相是流变还是恒定的、是连续还是间断的，抑或两者兼而有之？

在《自然的概念》中，怀特海认为"事件——在某种意义上它们是自然的最终实体"[②]。但事件又是"自然的具体事实"，向我们的经验、感觉和意识呈现了自然的流变、短暂和偶然的方面，不像近代科学实体自然观说的那样，因为"根本不存在静止不动的、让我们好好观看的自然。"[③]

如果"自然在我们的经验中被认为是流变事件的复合体"，那又如何把握这些流变事件？怀特海指出，每一事件在自然复合体中均占有一个相对位置，可由空间和时间加以确定，每一事件还有自己的特征或性质，科学研究就在于通过事件之间的位置关系来研究其特征或性质之间的关系。[④] 这使科学对于事件之流的自然研究有了可能。况且，每一事件都是有限的，其时空确定性反映了自然的恒定、持久和必然的方面。在事件之流中，有限事件是由"部分重合、相互包含和空时结构中的分隔物形成"[⑤]的，相对于事件被确定为对象。对象背后的事件则是连续的，一个事件的"活动领域(fields of activity)"的特征经由对象延续到其后续事件[⑥]，对象成为事件之流中恒定的、持久的和必然的东西，"在事件之

---

① 陈奎德：《怀特海哲学演化概论》，上海：上海人民出版社 1988 年版，第 80 页。

② 陈奎德：《怀特海哲学演化概论》，上海：上海人民出版社 1988 年版，第 16 页。

③ 陈奎德：《怀特海哲学演化概论》，上海：上海人民出版社 1988 年版，第 13 页。

④ 陈奎德：《怀特海哲学演化概论》，上海：上海人民出版社 1988 年版，第 136 页。

⑤【英】阿尔弗雷德·诺思·怀特海著：《自然的概念》，张佳权译，南京：译林出版社 2011 年版，第 142 页。

⑥【英】阿尔弗雷德·诺思·怀特海著：《自然的概念》，张佳权译，南京：译林出版社 2011 年版，第 140 页。

流中表达事件的特征。"[①]

按照"事件-对象"的自然观,自然的流变与恒定、连续与间断获得了对立统一的理解。并且,"事件-对象"在微观世界被物理学抽象为"事件-粒子",作为相对论"四维空间-时间流形的最终要素"[②],整个自然也就"从质料连续体转变成了事件连续体。"[③]

2. 时空:事件的定位

确定一个事件的相对位置或不同事件的相互关系需要空间与时间的双重定位。要不然,"只想到空间或只想到时间时,你就在进行抽象,即在自然的生命中遗漏了一个你在感觉经验中知道的必不可少的要素。"[④]不同的是,确定一个物体或质料只需空间定位,因为"分割体积就确实把质料分割了",但"分割时间并没有分割质料",可见"时间函数的分割和空间的分割是截然不同的两回事"。[⑤] 对于事件而言,时间函数是根本的。随着时间演化,事件展开为一个生成和转化的过程。但对于物体来说,空间定位则是主要的,质料按空间分割有体积大小之分。

对于事件与物体,除了上述时空定位与空间分割的区别之外,还有机械论与有机论的不同观点。牛顿力学及其机械论自然观按"简单定位"(simple location)孤立地定义质点或物体,"不需要参照时-空中其它区域来作解释"。[⑥] 20世纪相对论及其有机论自然观则以有机整体观看到不同事件之间的相互包含关系:"每个事件都是包括它自己在内的其他事件的一部分;同时,每个事件又把其他事件作为它的部分包括了进

① 【英】阿尔弗雷德·诺思·怀特海著:《自然的概念》,张佳权译,南京:译林出版社2011年版,第139页。

② 【英】阿尔弗雷德·诺思·怀特海著:《自然的概念》,张佳权译,南京:译林出版社2011年版,第142页。

③ 陈奎德:《怀特海哲学演化概论》,上海:上海人民出版社1988年版,第53页。

④ 【英】阿尔弗雷德·诺思·怀特海著:《自然的概念》,张佳权译,南京:译林出版社2011年版,第138页。

⑤ 【英】A. N. 怀特海著:《科学与近代世界》,何钦译,北京:商务印书馆2012年版,第57—58页。

⑥ 【英】A. N. 怀特海著:《科学与近代世界》,何钦译,北京:商务印书馆2012年版,第57页。

来。"[①]事件的相互包含揭示了"宇宙是一个'事件场'"[②]。

与其说事件在时间和空间中被定位，倒不如说时间和空间本身就是事件的规定性。正是"事件的流过构成时间概念；事件的相互包容的广延构成空间概念。于是，时间与空间就这样从更原初的本体——事件派生了出来。"[③]处于时空中的事件世界无非是事件的集合体。

事件世界引起语言和思维的改变。在实体世界中，物体是主词，事件是谓词，先有物体存在，再有事件发生。事件世界将这种关系颠倒过来，"物质对象不是先于事件的实体，而被降格在同样是修饰四维世界的世界线的'描述态'的位置。在此界限内，物质是以四维世界为主词的谓词"。[④] "四维世界"即事件世界，事件成为世界的本体。其中，时空是事件的特征，物体是事件的结果。

3. 主体：事件连续体

事件预设了主体的存在，主体不是直接介入事件，就是间接影响事件。对于事件与主体，怀特海分别作了不同以往的哲学改造：其一，对"事件"作了微观分析，视"现实事态"(actual occasion)为最终单元，由显至微贯彻了世界的事件性。事件性不仅是关联性，而且也是过程性。无论是宏观的"事件"还是微观的"现实事态"都在生成和转化，世界在根本上是过程的集合体。

其二，将"主体"从主客二分改为一体两面，前者认为主体与客体是两个相互独立的实体，后者指客体即主体、主体即客体。怀特海用"现实事态"的"主体-超体"(subject-superject)这一术语表示一体两面：一体指"现实事态"，两面指"主体"和"超体"，其"主体"方面是指正在进行摄入的现实事态，"超体"方面是指相对于过去现实事态正在生成的当下现实事态。换言之，当下现实事态及其摄入("主体")同时也是过去现实事态对当下现实事态的因果效应及其建构("超体")。

① 陈奎德：《怀特海哲学演化概论》，上海：上海人民出版社 1988 年版，第 55 页。
② 陈奎德：《怀特海哲学演化概论》，上海：上海人民出版社 1988 年版，第 53 页。
③ 陈奎德：《怀特海哲学演化概论》，上海：上海人民出版社 1988 年版，第 55 页。
④【日】田中裕著：《怀特海：有机哲学》，包国光译，石家庄：河北教育出版社 2001 年版，第 58 页。

"主体-超体"描述了生成和转化中的现实事态是能动性与受动性的统一体。能动性表现为当下现实事态的主动摄入,受动性反映了过去现实事态的因果效应,这两方面同时发生。忽视任一方面不是导致自由意志论,就是陷入因果决定论。怀特海熟悉量子物理学,在微观世界中发现了与人类感知经验相似的普遍结构,指出现实事态也是一种主体性的存在,以至于整个世界"除了主体的经验以外,不存在任何东西,只是全然的无。"[①]不过,这一泛经验的世界观被批评为将人类经验应用于一切自然物而带有"拟人说的危险"。[②]

与自然的主体化相反,怀特海也将主体自然化。不同于传统的实体主体观,怀特海认为"一系列前后相继的相似事件累积起来可以构成一个主体,而这些事件的相继经过,正是这一主体变化的原因。"[③]可见,主体不是既定的、先验的形而上学抽象物,而是生成的、经验的具体事件连续体。作为事件连续体的主体概念超越了心物二元论,以人的身体为中介将生理事件与心理事件统一起来,更好地解释了身心相互作用。

二、事件世界的哲学建构

1. 事件世界:从"物"回溯"事"

事件世界的图像反映了19世纪至20世纪科学的新发现。世界图像变化与科学发展密切相关,"随着自然科学领域中每一划时代的发现,唯物主义也必然要改变自己的形式。"[④]其中,物质概念将随着科学发展而发生改变。在17至18世纪牛顿力学中,物质概念按"简单定位"被定义为"质点"或"物体":"牛顿物理学是以每一小点物质的独立特征为基础的。每一块石头被设想为不需要参照物质的任何其他部分便可充分地被描述出来。它在宇宙中可以是孤单的,可以是均匀空间的唯一占有

---

① Alfred North Whitehead, *Process and Reality: An Essay in Cosmology*, New York: The Free Press, 1978, p. 167.

② 汪民安、郭晓彦主编:《事件哲学》,南京:江苏人民出版社2017年版,第88页。

③ 陈奎德:《怀特海哲学演化概论》,上海:上海人民出版社1988年版,第54页。

④ 马克思、恩格斯:《马克思恩格斯选集》(第3卷),北京:人民出版社2012年版,第234页。

者。但它仍然可以是本来的那块石头。同样，充分地描述这块石头也无需参照过去和将来。它被看成是既整体地又完满而充分地被设立在目前这一时刻之内。”[①]这是机械论世界观的典型写照。

然而，19 世纪自然科学的细胞学说、能量守恒转化定律和生物进化论，以及 20 世纪物理学的相对论和量子力学，则使物质概念转而以“机体”(organism)和“过程”(process)为原型，这需要唯物主义发展一套把自然“建筑在机体的观念上的思想体系”[②]，这套观念可被概括为事件概念。

唯物主义要求我们一切从实际出发，这毋庸置疑。不过人们常把“实际”抽象地理解为物质条件，按照机械论思维将“物质”理解为与人无关的、独立自存的物体，并还原为脱离人的感性活动的客观实在。其实，被称为“物质”的东西正是我们日常语言中所谓的“事物”，“事物”分成“物”(material substances)和“事”(actual events)两种形态：前者如石头、椅子等物体，后者像开采、制作等事件。一般认为物体比事件更为根本，因为物体是独立自存的、一成不变的，而事件是相互依存的、不断变化的。

但从发生过程看，事件要比物体更为根本，因为物体经由事件而产生。例如，石头是矿工开采的结果，椅子是木工制作的结果，等等。这些结果(“物”)与产生过程(“事”)是部分与整体的关系。所以，在“事物”中，“事”包含了“物”。显然，基于“事”对“事物”的理解有了整体和演化的观念。若将这种事件概念用于自然，自然就呈现出不同层次和持续演化的生态系统；若用于社会，社会被揭示为经济、政治、文化相互关联并不断发展的有机整体。

2. 事件哲学：过程哲学和机体哲学

现实世界作为一个“事物”世界，遍布着“物”并交织着“事”。但最终构成宇宙的不是物体而是事件，物体反而是事件凝结而成的结果。从发生过程看，“事”才是“物”的本源。人类社会及其历史发展的事件性尤为显著，自然演化和万物生长同样也是基于事件的。对于后者，怀特海在

---

① 【美】A. N. 怀特海著：《观念的冒险》，周邦宪译，贵阳：贵州人民出版社 2007 年版，第 138—139 页。

② 【英】A. N. 怀特海著：《科学与近代世界》，何钦译，北京：商务印书馆 2012 年版，第 86 页。

《相对性原理》中指出:“自然界的终极事实就是事件,用相关性进行认识的本质就是借助时间和空间来详细说明事件的能力。”[①]说的是,事件作为自然的本体,其在时空中发生的相互关联的活动是我们认识自然的基础。

从认识论到世界观,事件世界图像让我们看到被物体世界图像所遮蔽了的方面。物体仅为三维空间中的实体,事件则是四维时空中的活动。物体在空间上的“简单定位”仅说明了物质世界的彼此间隔、相互分离和相对独立的一面,而事件的时空展现则揭示了现实世界的整体包含、相互摄入和有机关联的另一面。事件作为活动还展开为一个演化过程。所以,从事件看世界,世界就呈现出有机整体和演化过程的真实面貌。

怀特海对事件世界的图像进行了哲学建构,他的“过程哲学”(process philosophy)或“有机哲学”(philosophy of organism)原初意义上可以被看作“事件哲学”(philosophy of event)。在怀特海的“事件哲学”中,整个宇宙是由事件构成的一个有机整体和过程集合,从微观到宏观,从无机界到有机界,从简单的、低级的有机体到复杂的、高级的有机体,直至人类的社会历史和文化精神,都处于彼此关联和不断进化之中,展开为“多生成一,由一而长”(the many become one and are increased by one)[②]的创造性进化。

“事件”是怀特海早期自然哲学著作中的一个基本概念:《自然知识原理研究》(1919 年)根据数学和物理学研究提出“事件”(event)与“对象”(object);《自然的概念》(1920 年)从事件观批评“自然的分岔”(the bifurcation of nature);《相对性原理》(1922 年)由事件强调相关性,用“时空连续统理论”(theory of space-time continuum)替代牛顿力学的绝对时空观。后来,从《科学与近代世界》(1925 年)到《过程与实在》(1929 年),怀特海则将宏观世界的“事件”范畴深化为微观层次的“现实事态”本体,完成了对“事件哲学”的形上建构。

---

① 陈奎德:《怀特海哲学演化概论》,上海:上海人民出版社 1988 年版,第 53 页。

② Alfred North Whitehead, *Process and Reality: An Essay in Cosmology*, New York: The Free Press, 1978, p. 21.

三、事件世界与中国文化

1. 儒道佛思想：过程、机体与事件

中国儒家讲宇宙的“大化流行”。怀特海的事件概念在中国语文中可简称为“事”，以此理解宇宙中的一切事物都是事事相续的过程即“流行”，无限的事事相续则形成了宇宙的进化过程即“大化”。[①] 这种宇宙观有见于宇宙的“生生、能动、变化、创新”的事件特征，凸显了事件世界的中国文化视域。

中国道家从过程与事件去把握自然之道。事物的演化过程正是事件的生成和转化，事件作为事物演化过程的转折点，其前后状态的改变标志着事物发生了变化。古往今来，道乃一以贯之，历史事件由道观之便是延续的、整体的。《道德经》的“执古之道，御今之有”，指的就是通过发生于历史过程中的一系列事件之内在联系便能够掌握当今的现实。[②]

中国佛学奉行“入世”即“出世”的原则，倡导用出离心做人间事。在“缘起性空”的世界观中，同样可以发现对世界事件性的认知和觉悟。所谓“色即是空”，“色”作为现象世界，其本体是事件，而事件是缘起的、非实体的，故称其为“空”；所谓“空不异色”，是指“空”（可能性）必须通过“色”（现实性）才能显现出来，唯有在“色”中才会真正见到“空”。

更广泛地说，中国传统思想从《周易》到道家、墨家、阴阳家、医家等都强调事件流变和有机整体的世界观。与此相应，西方现代思想中怀特海的过程哲学和贝塔朗菲的系统论也强调了这样的世界观。可见中国传统文化的世界观是“现代科学正在不得不纳入其本身结构中的那样一种世界观”。[③]

2. 中国传统有机主义在西方的回应

若按机械论和机体论两种世界观来划分，“在希腊人和印度人发展

---

① 王中江：《从物质实在到生命和人——张岱年的“进化”思想》，《衡水学院学报》2015 年第 2 期，第 36 页。

② 程灵生：《老子执御的意义》，《华夏文化》2016 年第 4 期，第 43—44 页。

③ 童鹰：《论李约瑟的中国自然哲学观》，《自然辩证法研究》1998 年第 11 期，第 49 页。

机械原子论的时候，中国人则发展了有机宇宙的哲学”。西方思想传统中，机械原子论从巴门尼德、柏拉图、亚里士多德以来，一直到近代科学，一直占据主导地位。有机论传统源于中国，尽管从怀特海向前追溯，“还有恩格斯、马克思、达尔文、黑格尔、谢林、康德等人”，他们都具有这样或那样的有机论思想，但到莱布尼茨为止似乎消失了。而莱布尼茨的思想则“受到理学家对中国相互联系主义说法的激发”，尤其是受到朱熹的有机主义自然观的影响。[①] 因而“有机主义哲学并不是欧洲思想的产物”，也许是通过莱布尼茨接触中国传统文化传入欧洲的。

中国传统有机主义擅长“通体相关的思维”，公元前 3 世纪由道家作了光辉的论述，在 12 世纪的理学家那里得以系统化。[②] 李约瑟认为，西方思想中始于莱布尼茨而在怀特海哲学中达到顶峰的有机主义很可能源自中国传统，两者在当代相遇说明了“东方智慧与西方思想乃是互为镜像的：彼此的发展既并行又相悖。”这一见解得到了普利高津、卡普拉、哈肯和托姆等著名科学家的赞同。[③] 值得注意的是，在 20 世纪西方哲学中怀特海哲学是唯一能够契合中国传统思想的。他领悟到新物理学蕴含着中国传统有机整体论的思想。

3. 事件哲学对世界文化的当代启示

从西学东渐看，李约瑟说，“现代中国人如此热情地接受辩证唯物主义，有很多西方人觉得是不可思议的。他们想不明白，为什么这样一个古老的东方民族竟会如此毫不犹豫、满怀信心地接受一种初看起来完全是欧洲的思想体系。但是，在我想象中，中国的学者们自己却可能会这样说的，‘真是妙极了！这不就像我们自己的永恒哲学和现代科学的结合吗？它终于回到我们身边来了。’……中国的知识分子之所以更愿意接受辩证唯物主义，是因为，从某种意义上说，这种哲学思想正是他们自

① 徐刚：《近现代西方哲学的朱熹理学因素——以莱布尼茨、李约瑟为例》，《东南学术》2011 年第 4 期，第 166—167 页。

② 王前：《李约瑟对中国传统科学思维方式研究的贡献》，《自然辩证法通讯》1996 年第 2 期，第 54 页。

③ 贾根良：《中国经济学革命论》，《社会科学战线》2006 年第 1 期，第 61—62 页。

己所产生的”。①

诚然，辩证唯物主义作为一种外来的思想资源，与中国传统具有很深的契合性。简单地说，辩证唯物主义不是机械唯物主义或怀特海所批评的那种“科学唯物论”，它在马克思那里已通过实践使物质与精神有机结合起来，符合中国传统思想的知行合一观。其辩证法将世界描画为普遍联系和永恒发展的图景，也颇合有机整体与大化流行的天人合一宇宙观。

因此，怀特海的事件哲学可以成为一个焦点，既可以上溯至西方思想源头，与最早的辩证法奠基者赫拉克利特接壤，成为“20 世纪的赫拉克利特主义”，又可以追溯到马克思、恩格斯的辩证唯物主义，以及黑格尔的辩证法、莱布尼茨的单子论；进而追溯到中国的庄子、周敦颐和朱熹的有关思想。借此，中西马三大思想传统可以汇聚在一起。

伟大的思想传统汇聚起来将有助于指导当代人类的实践。随着 20 世纪以来工业化及其现代性的全球发展，机械论世界观和实体思维在科学研究领域已走到尽头，对于现实重大问题尽显乏力之处，足见其无济于事。在 21 世纪的后工业风险社会中，世界的不确定性空前突出，自然、社会和思维的许多现象要从事件哲学和有机宇宙论得以重新理解。

参考文献

1. 【英】阿尔弗雷德·诺思·怀特海著：《自然的概念》，张桂权译，南京：译林出版社 2011 年版。
2. 【英】A. N. 怀特海著：《科学与近代世界》，何钦译，北京：商务印书馆 2012 年版。
3. Alfred North Whitehead, *Process and Reality: An Essay in Cosmology*, New York: The Free Press, 1978.
4. 【美】A. N. 怀特海著：《观念的冒险》，周邦宪译，贵阳：贵州人民出版社，2007 年版。
5. 【日】田中裕著：《怀特海：有机哲学》，包国光译，石家庄：河北教育出版社 2001 年版。
6. 陈奎德：《怀特海哲学演化概论》，上海：上海人民出版社 1988 年版。
7. 汪民安、郭晓彦主编：《事件哲学》，南京：江苏人民出版社 2017 年版。

① 乐爱国：《李约瑟评朱熹的科学思想及其现代意义》，《自然辩证法研究》1999 年第 3 期，第 50 页。

第七章　真正的哲学令我们的爱拓展到他者

——大卫·格里芬《复魅何须超自然主义-过程宗教哲学》读后感

王治河[①]

一、格里芬最重要的一部著作

《复魅何须超自然主义：过程宗教哲学》是本大书。[②] 作者曾对笔者说，这是他一生写过的数十部著作中"最重要的一本"。[③] 因着创见性地系统提出过程宗教哲学，全面阐发了一种全新的复魅世界观，一种将道德的、审美的以及宗教的直觉与科学的最普遍理论有机结合起来的世界观，《复魅》一书在西方不仅被认为是过程哲学研究领域"里程碑"式的事件，而且被认为是"宗教理论研究的一个分水岭"。

这绝非西方文人间的捧场之言。看看该书所摊出的众多重大问题以及为解决这些重大疑难问题所生发的许多富有建设性的理论创建，就一目了然了。

---

① 作者简介：王治河，美国中美后现代发展研究院常务副院长，兼任中央编译局研究员以及国内多所大学客座教授。主要研究专长为后现代哲学、怀特海过程哲学和建设性现代主义。原任中国社会科学院《国外社会科学》杂志副主编。著有《后现代哲学思潮研究》《生态文明与马克思主义》《怀特海与中国》《第二次启蒙》等。

② 【美】大卫·雷·格里芬著：《复魅何须超自然主义：过程宗教哲学》，周邦宪审，南京：译林出版社 2015 年版。

③ 因此这里特别感谢周邦宪先生潜心经年将此书辛苦译成中文，译文出版社慧眼独具使之顺利面世。

二、科学和信仰一定冲突吗?

科学和信仰一定冲突吗？科学和宗教有无可能达致和解？信仰上帝就是非理性的吗？人有无可能理性地信仰？有神论一定是非理性的，无神论一定是理性的吗？面对这个世界众多恶的存在，是否还能坚持认为上帝是至善的？我们的生命如何能具有终极的重要性？我们如何诗意地栖居在大地上？

上述每一个问题都是沉甸甸的，没有一个份量是轻的。每一个问题都可以做成一篇大文章，它们无一不挑战着我们头脑中习以为常的根深蒂固的假设。在一个想象力和创造力双重匮乏的时代，《复魅》一书无疑地有助于激发我们的想象力和创造力，帮助我们寻觅到心灵的安顿处。

作为一本过程宗教哲学的专著，《复魅》自然地将专注的目光放在那些以宗教的观点来看格外重要的事情上。但是你若因此认为，此书只是写给宗教专业人士阅读的，那你就错了。因为按照过程哲学当代奠基者怀特海的说法，提出一种世界观就是提出一种宗教。在这个意义上每一个研究世界观的人，每一位对世界观感兴趣的人都应该是《复魅》的最佳读者。

此书不仅值得每一位研究宗教哲学的专家学者认真研读，而且对于每一位不满足于做“小清新”或“小确幸”的人，此书也具有着相当的阅读价值。如果人生中“有些痛只有自己懂，有些路只能自己走”的话，相信书中的许多问题如死后生命问题也是我们每个普通人在此种境界呈现在眼前时都要面对的。相信阅读此书会解除我们人生中和学理上的许多大困惑，纵使不能帮助我们获得大解脱，至少可以给予我们不少宝贵的启迪。

《复魅》一书的厚度和丰富性，决定了对它的阐释的多样性。而在汉语语境中则尤其如此。

这种多样的阐释反过来也丰富了该书的生命，成全了该书。相信这是作者最渴望看到的。如书中对“宗教”的阐释无疑有助于解决汉语哲学界长期以来争论不休的重大问题：中国哲学是哲学还是宗教？中国有无宗教？

三、过程哲学是一种道德哲学

对于笔者来说，该书给我的一个重要启发就是貌似玄妙的过程哲学在根底上其实是一种道德哲学。

如同任何一种真正的哲学一样，过程哲学令我们的爱扩展到他者。这里的"他者"既包括他人，也涵盖自然万物。作为一种道德哲学，**过程哲学最大的理论贡献是为我们关爱他者提供了本体论的支撑，为生态环保运动和生态文明建设提供了坚硬的哲学基石。**

众所周知，伴随现代工业文明的高歌猛进，科学还原主义和机械世界观君临天下，世界遭遇了"祛魅"的命运。按照机械世界观，构成自然的基本单位是全然没有经验的，是不能自我决定的。正因为它们是没有经验的，因而它们也是没有"内部"的，没有能力影响其他事物，没有能力将来自他物的影响接受进自身。怀特海称之为"空洞实际物"。这意味着在机械世界观那里，周围的世界是由无生命的物质构成的，事物与事物之间的关系纯然是机械的，也就是说，不存在内在关系，所存在的只有一种关系，那就是外在关系。"自然是被非人的数学规律所严格主宰的。"[①]相应地，科学的核心要素就是冷酷的、客观的和非人的。其结果就是自然的"祛魅"。正如《走向知识统一》一书的编者所指出的那样，17世纪以来，数学物理学所支持的知识理想使人类相信：所有知识最终都可以根据无生命的自然规律来理解，"根据这种还原主义的理解，生命之物的最终性质，动物及其智能的感知能力，人的有责任的选择，他的道德和审美理想——最终都要被进一步的进步所搬除。"[②]

"祛魅"后的自然界成为僵死的、无生命力的"空洞实在"，光和颜色没有任何隐喻性的意义，仅仅是一种电磁波，美也悄然遁迹。这便意味着，世界的神秘之美被消解了，人们不再相信规定自己生活的内在意义

① Steven Weinberg, "Sokal's Hoax" *New York Review of Books XLIII*, No. 13, 8 August 1996.

② *Toward a Unity of Knowledge*. Marjorie Grene. ed. International Universities Press, Inc. , 1969, p. 1.

和规范价值了。“不仅在‘自然界’，而且在整个世界中，经验都不再占有任何真正重要的地位。因而，宇宙间的目的、价值、理想和可能性都不重要，也没有什么自由、创造性或神性。不存在规范甚至真理，一切最终都是毫无意义的。”用普罗文的话说就是，“对于人来说，不存在任何终极意义。”（《复魅》，第32页）世界变得荒漠化了，留下的只有“空洞的存在”。

这种“荒漠化”和“祛魅”的结果就是物质主义的横行和虚无主义的弥漫。“不求天长地久，只求一时拥有。”我死后哪怕他洪水滔天。马克思在《资本论》中的理论描述今天又一次成为现实。这被看做是“每个资本家和资本家国家的口号”[①]。

毫无疑问，对于“西方年青人中日益增长的生活无意义感甚至荒谬感”的蔓延，这种科学还原主义和现代机械世界观显然负有不可推卸的责任。[②]

其实早在十九世纪末德国哲学家尼采就业已洞见到：现代科学观的发展将造成虚无主义的流行，而虚无主义将导致人类文明的危机。今天看来，这也是现象学泰斗胡塞尔所谓的欧洲科学出现危机的根源所在。

现代性的危机或者说现代文明的危机不仅表征为社会危机、精神危机、信仰危机和道德危机，更体现在触目惊心的生态危机上。按照世界生态学家托马斯·柏励的警告，我们正在面对地球生命系统的崩溃。其规模和严重性，在地球上只有6700万年前中生代结束和我们现在的新生代开始时恐龙和其他无数物种的灭绝这样的大事件才可以与之相比。中国虽是后发国家，但在生态问题上，在某种意义上，我们比西方发达国家“更早地”实现了现代化。柴静的《穹顶之下》所揭示的雾霾只是污染现象中可见的冰山一角。比雾霾更严重的往往被人们所忽略的是水的污染。资料表明，中国70％多的河流与湖泊已然受到污染，其中1/3河流遭到严重污染，1/4近岸海域受到严重污染，以至于中国主要城市近一半饮用水不符合标准。在《东张西望——廖晓义与中外哲人聊环保药方》一书的序言中，廖晓义女士曾不无痛心地指出，在经历了“国破山河

---

① 【美】大卫·施威卡特著：《下一场美国革命》，《江苏社会科学》2014年第5期。

② Charles Birch. “Scientific Dilemma”. In *Christianity and Crisis* (December 25, 1967), p. 304.

在”的战乱之后，我们今天却面临着“国在山河破”的现实。[①]

中美后现代发展研究院的高级研究员，被誉为“20 世纪最有洞见者”的克里福先生也警告说：一次足以摧毁文明的世界危机并不是遥不可及的威胁。事实上，它已经悬在我们的头顶。著名的《崩溃》一书的作者戴蒙德也指出：“由于当前的人类社会过着不可持续发展的生活方式，不管用何种方法，世界的环境问题都必须在今天的儿童和青年的有生之年得到解决。唯一的问题在于是以我们自愿选择的愉快方式来解决问题，还是以我们不得不接受的不愉快方式来解决，如战争、种族屠杀、饥饿、传染病和社会崩溃等。这些惨剧在人类历史上都发生过，起因大部分是环境退化、人口压力增加、贫穷和政治动荡等。前贤的这些警世之言无疑地都点出了当前人类生存危机的严峻性。换句话说，人类正面临着“彻底完蛋”的命运。（《复魅》，第 381 页）

人类要想走出危机，要想活下去，规避“彻底完蛋”的命运，就必须进行彻底反思。

反思自己的思维方式、发展模式和生活方式。这就需要真正哲学的出场。用怀特海的话说，“哲学此刻应该来发挥它最终的作用了。它应该探寻那种洞察力（虽然尚且是朦胧的），以使得在意于动物享乐之外的价值的物种避免彻底完蛋的命运。”[②]怀特海写这些话是在 1932 年——是在第二次世界大战爆发之前，更是在核武器发明之前——那时他就感觉到，当时的文明发展轨道就很可能导致人类的“彻底完蛋”。（《复魅》，第 381 页）

四、广义经验论

要反思人类的思维方式，就要对长期统治现代人思维的科学还原主义、机械唯物主义和人类中心主义进行反思和破斥，就要进行新的理论建构。

---

① 廖晓义：《东张西望——廖晓义与中外哲人聊环保药方》，北京：三辰影库音像出版社 2010 年版，第 v 页。

② 【英】A. N. 怀特海著：《观念的冒险》，同邦宪译，南京：译林出版社 2011 年版，第 159 页。

过程哲学用来挑战科学还原主义、机械唯物主义和人类中心主义的思想武器是“广义经验论”或曰“万物有情论”。①

所谓“广义经验论”或“万物有情论”是这样一种学说，它认为宇宙是情感的海洋，“感受”（feeling/prehension）贯穿于整个世界之中，存在于自然界的万事万物之中，因为构成自然的基本单位是有经验的、有情感的、自主的和创造性的动在。尽管所有的动在都受到先前动在的影响，但是每一个动在并非完全由过去所决定的，每一个动在至少都体现了某种自我决定或自我创造的性质，从而对未来施加某种创造性的影响。

广义经验论与贝克莱式的主观唯心主义无缘，因为广义经验论所说的“感觉”（feeling）不是基于人的感觉基础上的，这是一种客观存在的领悟和把握事物的方式，是宇宙间普遍存在的事物之间彼此互动的方式。

为了与人们习惯认为的主观“经验”区分开来，怀特海特意造了一个新概念 Prehension。汉语学界有将之译成“摄入”的，有将之译成“摄受”的，还有译成“感受”的。日本学者田中裕则译成“握抱”。笔者觉得该概念或许更接近中国《易经》中的“感通”概念。这意味着在广义经验论那里，相信存在着某种“非感觉的感知”，就是所谓前感觉的、前语言的、前意识的感知或知觉，凭借着它们，人类得以直接把握或领悟外在的世界。

显然，这种广义经验论的视自然为有经验的观点，与机械世界观将自然的基本单位视为无经验的“空洞存在”的观点大相径庭。在格里芬看来，其实机械唯物主义的“空洞存在”概念也是一种推测、一种假设，也是思辨的产物。因为在现实中我们并未直接经验到任何动在是没有经验的。

如果一味地坚执世界的基本单位是空洞实际物的观点，就无法解释“世界的最根本的秩序是如何出现的”。其结果只能走超自然主义的老路，诉之于神，认为该秩序是超自然的神从外部强加的。同样，如果像哈

① 长期以来，英文“Panexperientialism”一词，在汉语世界一向被翻译成“泛经验论”或“泛经验主义”。该书的译者周邦宪先生也是如此翻译的。然而考虑到在汉语语境中一词的前缀“泛”往往含有贬义的意思，而作者格里芬先生在整本书中却是在肯定和积极的意义上使用此语的，因此，笔者倾向于将“Panexperientialism”译成“广义经验论”或“万物有情论”。妥否，敬请方家惠正。

贝马斯那样一味地坚持认为，“自然不含有一丁点主观性和自我决定”，则无法解释人的主观自由出自何处。(《复魅》，第 135 页)

广义经验论的一个重大理论贡献是从根本上克服了主客二元论、心物二元论，消除了现代思想家在人类与自然之间人为设置的鸿沟。这便意味着，大自然既是客体也是主体。我们是自然的一部分，我们自己的身体是自然的一部分，我们自己的意识经验也是自然的一部分。虽然人的经验是一桩特别高级的事件，但它也不应被视为另类于其他自然事件。这也就从根底上颠覆了人类中心主义。

与此相联系，与机械唯物主义者把世界理解为空洞的荒漠性存在相左，过程哲学强调自然中存在着价值、目的、创造性与神性，世界上所有事物都有某种目的性，是自然界目标定向、自我维持和自我创造的表现。因此之故，过程哲学“**把世界理解为价值实现之地**”。在过程哲学家看来，世界因为实现内在价值的缘故而有秩序。如果自然的基本单位被设想成是空洞实际物，意思是没有内在价值的，那么我们就不可能理解，具有内在价值的事物是如何出现的——除非设想某种超自然的介入。(《复魅》，第 136 页)

由于打通了二元论设置的人与自然的高墙，遂使人类获得了“普遍的存在感”，用怀特海的说法，“即感到自己作为它物中的一员，存在于一个有效验的实际世界”(《复魅》，第 155 页)。这其实是中国“天人合一”观念的另类表达。也就是说，格里芬等过程哲学家把自然万物看做是有感情、有目的的能够进行自组织活动的存在。这就意味着自然万物与我们的关系不是外在的，而是内在的，是一种相互依存、荣辱与共的血肉相连的内在关系。在某种意义上可以说自然万物是我们的血亲。因此，我们对它们应该有一种感情上的关怀。

这无疑是对强调人在生态系统中占绝对优越地位的人类中心主义的颠覆，从而也为生态环保提供了哲学支撑。因为它帮助我们回答了“我们为什么要关爱他者”这一重大理论问题。

过程哲学强调每一个事物都是独特的，都蕴涵着经验，既是客体同时也是主体，因此都有其内在价值，都有其尊严。整个自然生态系统自有其内在价值与尊严。我们应该学会尊重她、感激她、欣赏她。大自然的存在并非只是为了供我们所用，她有其独特的自身价值、自身的璀璨、自身的美。对她，我们应心存敬畏，心存感恩。

由于在过程哲学或有机哲学中，关系是作为宇宙本质性的东西被看待的，一切存在都是关系性的存在，任何"动在"都是"互在"，万物一体，相互依存，休戚与共。离开他者，自我无法存在，因此，人类对其他家养的和野生的动物植物都负有不可推卸的"道德义务"。我们必须"责无旁贷地关心他者"。[①] 因为呵护他者，就是呵护我们自己，伤害他者就是伤害我们自己，保护他者就是保护我们自己。过程哲学通过这种方式倡导一种共情主义的情怀，引领我们走出"自我"和"自爱"的小世界，旨在扩大我们的爱，拓宽我们的爱，它令我们的爱扩展到他者，拓展到他人，拓展到大自然的万事万物。

怀特海据此批评现代世界由于科学还原主义和机械唯物主义的误导，产生了一大批"善良而无广泛同情心之人"，他们的"道德上的端正很像恶，它同恶的区别微乎其微"。而在过程哲学家那里，真正的善包括广泛的同情。完美的善则囊括一切的同情。用格里芬的话来说，真正拥有博大之爱的人，其行为会自然地以增进所有他者的幸福为目的，"只要我们的同情拓宽了，能真正地以他人的感受来进行感受，我们的关注就会扩大"(《复魅》，第 407 页)，扩展到他人，扩展到世间万事万物。从而将我们内心狭隘的爱转变成"包容一切的爱"。

在格里芬看来，正是在这个意义上，怀特海把宗教定义为"对世界的忠诚"(religion is world-loyalty)[②]，其中人的精神已将"自己个体的要求与客观宇宙的要求结合在一起"，因而自然地会尽自己最大的努力投身于己和公共利益，献身于共同的福祉。在怀特海眼里，宗教"最终的目标是要扩展个体的关注，使之超越它那自败的特殊性"[③]，从而融入普遍，走向永恒。细心的读者不难发现这无异于中国古代哲人所追求的"天人合一"境界的另类表达。

---

① 樊美筠：《时代需要一种依存哲学》，《粤海风》2012 年第 5 期。

② Whitehead, *Religion in the Making*. Fordham University Press, 1996, p. 60.

③ Whitehead, *Process and Reality*: *An Essay in Cosmology*. Corrected edition, edited by David Ray Griffin and Donald W. Sherburne. New York: Free Press, 1978, p. 15.

第八章　建设性后现代主义能拯救世界吗？

——怀特海的自然哲学和生态文明

威廉·安德鲁·施瓦茨著[1]，杨富斌译

造成气候危机的潜在原因是什么？是由科学方面的原因，经济方面的原因，还是由社会-政治方面的原因造成的？在某种程度上，"真正的"难题是全球变暖。空气中太多的二氧化碳和甲烷对地球造成了升温效果，引起了冰盖融化、海平面上升和其他一系列问题。对这一难题的科学理解会导致科学的解决方案——在达到 1.5 度极限之前要找到削减碳排放的方法。无疑，这是至关重要的。但是，进一步考察会表明，全球性变暖只是更深层次的一组问题的表征。为了把握住造成我们这个世界那些最重要问题更深层的潜在原因，我们需要追问："为什么？"例如，我们为什么会增加空气中的二氧化碳和甲烷水平？在某些人看来，这是源于化石燃料使用的增加。但是，我们为什么会消费如此之多的化石燃料？这样会使我们进入更深层次的经济和社会-政治说明。化石燃料的使用同日益增加的能量需要和高能量生活方式有关。但是，我们为什么会有高能量（和浪费的）生活方式？这样我们便会进入更深层次的期望方便的心理诉求。但是，我们要再一次追问"为什么？"我们为什么更看

---

① Wm. Andrew Schwartz, Executive Director, Center for Process Studies, Assistant Professor of Process Studies & Comparative Theology, Claremont School of Theology, Co-Founder and Executive Vice President of Institute for Ecological Civilization.

重方便？我们越来越深入地追问“为什么”的过程，使我们越来越接近于造成我们的气候变化的最根本的潜在原因。我们在我们的文明结构的根底发现了关于世界的一组大观念，也就是一些核心观念和基本假设。这些哲学世界观和文化价值观形成了我们的现代工业文明建立于其上的基本范式。如果我们要恰当地强调我们的复杂的社会和环境问题，我们就需要理解这种哲学和价值观在引导人类走向自我毁灭方面所发挥的作用。此外，如果我们要寻找走向生态文明的道路，我们就需要一种新范式来引导我们建构人类共同体(一种新的文明)的生态方式。

一、现代哲学与环境危机

如果你读到这里，并且你还不相信哲学能对气候变化有所作为，那么并非只有你会这样想。哲学已经获得的声望是，似乎它与日常关怀和实在世界的问题毫不相关。但是，请考虑一下如下宣称：环境危机(部分地)是在有限的地球上追求无限增长的结果。将近 50 年前，罗马俱乐部受麻省理工学院一个研究小组委托从事一项研究，这项研究以《增长的极限》[①]为题发表。在许多方面，这一篇开创性的报告确认了一种常识性的直觉；也就是说，对有限资源的无限消费、在有限空间中的无限膨胀，以及在有限星球上的无限经济和人口增长，简直是不可持续的。

现在，考虑一下小约翰·柯布(John Cobb)和赫尔曼·达利(Herman Daly)的洞见，他们坚持认为，追求无限增长(部分地)是混淆了抽象的经济原则与具体实在的结果(这是一种哲学错误，叫做“误置具体性之谬误”)。在他们的获奖著作《为了共同福祉》中，他们写道：

> 最重要的【谬误】之一是对由完美竞争市场所调节的国民生产和收入的循环流动的抽象。这被认为是一种机械的模拟，其动力是由个体的效用和收益最大化所提供的，与社会的共同体和生物物理学的相互依赖无关。这里所强调的是资源的最佳分配，它可以表明

① https://www.clubofrome.org/report/the-limits-to-growth/.

> 这是由个体的自我利益的机械的相互作用所造成的。这里所否定的是通过同情和人类共同体的联系而使一个人的福利对其他人的福利的影响,以及一个人的生产和消费活动通过生物物理共同体的纽带而对他人的物理性的影响。无论何时,当来自实在要素的抽象在我们的经验中过于一致而明显时,它们的存在就会得到"外在性"范畴的认可。①

正是经济学作为学科的发展使得经济原理与具体实在相分离成为可能。学科表现为一种把知识限制在狭隘的聚焦领域内的方式,但是这种发展同自然与社会的二分密切相关。在学科发展中,知识被组织为两种类型:一是社会知识,二是自然知识。社会科学被认为是处理人类行为和社会系统的"软"科学。自然科学则被认为是处理自然界中的客观事实的"硬"科学。这样两种科学研究方法都广泛地采用了演绎模式和机械世界观。这种知识的二分法反映在大卫·休谟(David Hume)使之持续存在的"事实-价值裂缝"上。其基本观念是,你不可能从"应当"推出"实然"。世界的事实(是什么)与对价值的看法(应该是什么)之间有一条裂缝。事实在客观上是真实的,而价值则是主观的。当学院和大学在教育上采用这种科学研究方法时,"价值中立"的研究就出现了。根据机械视角看,"事实"世界是客体的世界。这些客体像机器一样。这种机械方法与还原研究方法是交织在一起的。当我们把一个客体分解为其各部分之和时,其假定是我们通过把它们分成各个部分并检验这些碎片就能最好地理解客体。在教育中,这种机械方法发生在狭隘的学科界限内,其中主题的"碎片"是在脱离它们彼此之间的关系或者同整个世界的关系的前提下进行考察的。学科的碎片化导致了经济学科能够在不关心自然界的情况下运行。当自然界不适合现代经济理论的抽象模型时,自然界就被降低为"外部性"。这种经济外部性的概念同经济学作为被狭隘界定的学科的发展密切相关,对这个学科来说,自然界和自然科学

---

① Herman E. Daly and John B. Cobb, Jr, *For the Common Good: Redirecting the Economy toward Community, the Environment, and A Sustainable Future*, Second Edition, MA: Beacon Press, 1994, p. 94.

都是在经济学科的界限之外的。

作为学科发展之基础的这种机械世界观同人类中心主义也是相关联的。根据人类中心主义，人类被认为是同自然界相分离的，并且是优于自然界的。这种人类中心主义产生于对“现代哲学之父”笛卡尔来说是中心思想的两个原理。一个原理是身心二元论。这个观念认为，世界是由两种事物即心灵/灵魂和物质性的身体所构成的。身心二元论之所以宣称人类中心主义，是因为只有人类被认为拥有心灵/灵魂，而其他生物则都被降低为只是运动的物质而已。另一个笛卡尔原理是他的著名格言：“我思故我在。”这个论点把人类的“自我”放在了价值观的中心，并在把自然界商品化和剥削自然以及全球性经济体系中达到了顶点。在全球性经济体系中，在有限地球上的无限增长被认为是合理的目标。

简言之，人类所曾面临的这种最大挑战是同广泛流传的笛卡尔哲学的影响相互交织在一起的，这种哲学乃是现代工业文明的架构。现代哲学为以史无前例的不平等为特征的时代提供了这种范式，并且这种范式如今已经威胁到了地球承载生命的能力。[①] 这并不是说笛卡尔要为世界上的所有恶行承担责任，也不是说“我思故我在”是我们的所有问题的根源。上述因果链只是倾向于表明哲学是如何与我们当代社会和环境危机的潜在原因有关联的一个例证。其要义在于，如果坏的哲学对这个问题是根本性的，那么一种可供选择的替代哲学就有可能为我们急需的解决方法提供基础。哲学能拯救这个世界吗？

二、事件哲学的生态意蕴

1. 机体环境论：包容性的“机体机械论”

如果说基于17至18世纪牛顿力学的是一种机械论唯物主义或“科学唯物论”（Scientific Materialism），那么出自19至20世纪自然科学新发现的便是一种机体论唯物主义。机械论与机体论看世界的方式截然

① Regarding inequality, consider the 2017 study by Oxfam, which shows that eight men own as much wealth as 3.6 billion people who make up the poorest half of humanity. https://www.oxfam.org/en/research/economy-99.

不同,前者秉持实体思维,后者采取事件思维。与时俱进的唯物论“必须放弃科学唯物论,而换上一种机体论的理论。”①但新理论必须保持旧理论的有效性而超越其局限性,对此怀特海提出“有机机械论”(Organic Mechanism)。

根据这一理论,在物理学中,“分子将按照一般规律盲目运行,但由于各种分子所属总体的一般机体结构不同,而使其内在性质也各不相同。”②同样,在生物学中,将这一理论用于动物身上,“心理状态进入了整个机体的构成中,因此对于一连串的从属机体,一直到最小的机体——电子为止都有影响。因此,生物体内的电子由于身体结构的缘故,和体外的电子是不同的。”③由此看来,“科学正形成了一种既非纯物理学,又非纯生物学的新面貌。它变成了对机体的研究。生物学是对较大机体的研究,而物理学则是对较小机体的研究。在这科学的两部门中还具有另一种区别,即生物学的机体包括着较小的物理学机体作为其组成部分。”④这是“有机机械论”在自然科学中的应用。

推广至人类社会,“个别实有的生命史,是更大、更深、更完整的模式的生命史中的一部分。个别实有的存在可能受较大模式的位态支配,并经受较大模式本身所发生的修正。这种修正反映到个别实有中时即成为其本身存在的修正。这便是有机机械论。”⑤参照这一理论,从自然界到人类社会,环境已普遍内化于宇宙不同结构层次之中,沿着世界的创造性进展,低层次的运动形式纳入高层次的运动形式。在理论概念上,机械论以机体论为环境、实体以事件为环境。

2. 过程演化论:持续性的“活动的结构”

从事件哲学讲,自然界和人类社会在共时态上呈现为机体,在历时态上展开为过程。因此,“有机机械论”也被视为过程演化论。机体与过程何以是同一的,机体与实体何以是不同的,关键在于对持续性的理

① 【英】A. N. 怀特海著:《科学与近代世界》,何钦译,北京:商务印书馆 2012 年版,第 91 页。
② 【英】A. N. 怀特海著:《科学与近代世界》,何钦译,北京:商务印书馆 2012 年版,第 91 页。
③ 【英】A. N. 怀特海著:《科学与近代世界》,何钦译,北京:商务印书馆 2012 年版,第 91 页。
④ 【英】A. N. 怀特海著:《科学与近代世界》,何钦译,北京:商务印书馆 2012 年版,第 117 页。
⑤ 【英】A. N. 怀特海著:《科学与近代世界》,何钦译,北京:商务印书馆 2012 年版,第 121 页。

解。机械论认为，只有质点或物体才是持续的实体。但“在机体论看来，唯一的持续性就是活动的结构，而这种结构是进化的。”[①]显然，活动本身是流变的，但其结构却有相对稳定性。活动的结构限定了活动本身，使活动成为个体化而有实体性。可见“事物持续性的意义在于它自己保持着自为的有限达成态。持续的东西都是有限的、阻碍的和不可入的”[②]。如此，事件作为活动，其结构作为机体，其持续作为过程，实为一体，而其持续性的“活动的结构”扮演“实体”的角色，但不是孤立和静止的实体。

并且，活动必定具有载体。活动的载体总是个体事物，存在于相互关联、彼此依存的世界总体之内，且处于不断转化的过程之中。事物活动起因于相互关联，相互关联即相互作用。相互关联使个体“在环境中显示出自身的位态。但它并不是自足的。所有事物的一切位态都参与到它的本质中来。它只有把自身所在的那个更大的整体汇合到它本身的界限中才能成为其自身。反过来说，它也只有在本身所在的环境中安置自己的位态，才能成其为本身。”[③]这样个体因含摄了整体，会产生“牵一发而动全身”的整体效应。

个体作为整体的缩影，反映了环境状况。个体存在和发展由于环境因素构入其中，环境便成为其内在方面。也就不难理解个体“由于自身的影响破坏了自己的环境，就是自取灭亡。”[④]个体与环境的作用包含两个方面：一方面，个体必须适应环境，一定的环境限制了个体的有限生存，这是现代社会的生存竞争和优胜劣汰的自然依据；另一方面，通过众多个体的协同共生，“机体可以创生它自己的环境”，环境发生了有利于机体生存的转变，“这种可变性将改变整个进化的道德面貌”。[⑤] 据此，在人类社会生活中，引入适当的伦理观念，营造良好的道德氛围，对于个体和群体的生存发展都是十分重要的。

---

① 【英】A. N. 怀特海著：《科学与近代世界》，何钦译，北京：商务印书馆 2012 年版，第 122 页。
② 【英】A. N. 怀特海著：《科学与近代世界》，何钦译，北京：商务印书馆 2012 年版，第 107 页。
③ 【英】A. N. 怀特海著：《科学与近代世界》，何钦译，北京：商务印书馆 2012 年版，第 107 页。
④ 【英】A. N. 怀特海著：《科学与近代世界》，何钦译，北京：商务印书馆 2012 年版，第 125 页。
⑤ 【英】A. N. 怀特海著：《科学与近代世界》，何钦译，北京：商务印书馆 2012 年版，第 126—127 页。

三、抓住机会：走向生态文明

建立在现代范式基础之上的科学和技术系统寻求的是驯服自然界。建立在现代范式之上的经济学则是在把自然界看作商品和开采利用自然界，把它当做是为了满足人类目的的资源。建立在现代范式之上的政治制度则是在扩张殖民帝国，以寻求统治他人和自然界。越来越清楚的是，需要一种新架构来把现代工业文明转变为生态文明。怀特海的建设性后现代自然哲学能提供一种恰当的替代构架吗？在 2015 年，小约翰・柯布把 1500 名学者和领袖人物聚集在一起，探讨的就是这个问题。①

经过数年准备之后，柯布以自己的遗产作赞助而召开的这次大会主题是“抓住机会：走向生态文明”，2015 年 6 月在美国加州克莱蒙特市的波莫那学院举行。这次大会汇集了全世界的学者来合作，以 85 个不同主题分组讨论，这些主题在本质上都是要建设生态文明。主题报告发言人有廖晓义、比尔・麦吉本(Bill McKibben)、范达娜・希瓦(Vandana Shiva)、韦斯・杰克逊(Wes Jackson)、赫尔曼・达利(Herman Daly)和小约翰・柯布(John Cobb)等人。这个事件也是第十届国际怀特海大会和第九届国际生态文明论坛的合作项目。2006 年，第一届国际生态文明论坛召开，并且自那以后每年都在加州克莱蒙特市举办国际生态文明论坛；主办方是中美后现代发展研究院和过程研究中心，协作方有几家中国和国际合作者。

2007 年，生态文明成为中国共产党的明确奋斗目标，并且在过去十年间，许多会议都把生态文明概念同中国联系起来。在中国，关于生态文明的许多讨论和论述都集中在中国背景上——具有中国特色的生态文明，同中国传统智慧有关，并且同中国当代政治有关。然而，关于一种新的文明还有更为广阔的全球性对话。克莱蒙特集会只是这种全球性对话的一部分。

---

① http://whitehead2015.ctr4process.org/.

在这些克莱蒙特对话和 2015 年会议以外，一个新的非政府组织得以组建——这就是生态文明研究院(简称为 EcoCiv)。生态文明研究院是应小约翰·柯布的要求，由克莱蒙特学者菲力浦·克莱顿(Philip Clayton)和威廉·安德鲁·施瓦茨(Wm. Andrew Schwartz)发起成立的，旨在继续完成 2015 年会议所启动的工作和推进全球生态文明愿景。生态文明研究院国际性地开展工作，依靠发展政府、商业和宗教领袖间的合作以及学者、实践家和政策决策者之间的合作，来支持对长期的可持续性的系统研究。生态文明研究院通过咨询、智库收集和政策实施来建立跨社会领域的有效合作关系。其目标是成为从现代工业文明向生态文明的全球性转化的催化剂。为了达到这个目标，关键性的一步是以全球性的术语来澄清我们所说的生态文明的含义是什么(包括但要超越于中国的政治背景)。

在过去几年间，生态文明愿景获得了巨大进步。尽管每一种背景都会给生态文明带来独一无二的东西，但最大的愿景已经出现，它可以用来把各种分离的宣言结合起来。“文明”一词主要指向于需要完全彻底的范式转换。文明表征的是人类如何一起生活的总体状态。这意味着要反思和转变社会的所有方面。“生态”一词则指向于形成这种新文明的起引导作用的价值观——旨在推进人民和地球的总体的福祉。

总起来看，“生态文明”意味着人类文明的综合性转变，因而社会制度——包括经济和政治制度，生产、消费制度和农业、教育制度等——都要根据这个星球的极限和共同福祉来重新设计。作为作家和有远见卓识之人，杰里米·伦特(Jeremy Lent)解释说，“生态文明背后至关重要的观念是，我们的社会需要在比我们大多数人所认识到的深刻得多的层次上改变。它决非只是在可再生能源上投资、少吃肉和驾驶电动汽车等这类事情上下功夫。而是需要转变我们的全球性的社会和经济组织的内在架构。”[①]而要在全球规模上改变我们的社会制度架构，就要求深入到我们当前盛行的(和成问题的)工业文明基础中的根本原因。如果现代文明植根于现代范式，那么生态文明就似乎应当植根于生态范式。建

① Jeremy Lent, “We Need an Ecological Civilization Before It's Too Late.”

设性后现代构架,就像在怀特海的自然哲学中所发现的那一种一样,是否能给生态文明提供基础呢?且让我们仔细考察一下同建设性后现代主义有关联,而与现代哲学和现代文明相对立的生态文明的特征。

四、建设性后现代主义和生态文明

何种事物构成实在?这些事物是如何联系的?根据占主导地位的现代主义哲学,实体是实在的最基本的建造之砖。在这种语境中,实体被理解为独立的(它们的存在不依赖于其他任何东西),并且历经时间而持续却没有任何变化。根据这种现代范式,有持续性的实体是存在的基本特性或者叫第一性质,而诸如变化和关系之类的属性则都是第二性质。怀特海的建设性后现代哲学对这种范式提出了批评。

如柯布所说,"人类经验的发生不应当理解为是一个人在经验。在这种经验之下或背后并没有个人的存在。对过去予以说明并以未来的观点建构自身,这种行为就是现实发生。个人乃是作为从出自相互的和身体中增长出来的很长一系列这一类发生而构成的。"怀特海的自然哲学是经验哲学。怀特海写道:"构成世界的终极实在事物"是"复杂而又相互依赖的点滴经验。"[①]我们并不是具有经验的实体,或者是具有关系的存在。我们**乃是**我们的经验的累积。我们**就是**我们的关系。

根据怀特海的建设性后现代主义来看,经验、感受和关系的优先性是在根本上不同于还原论的现代范式的。须记住,根据现代范式,理解客体的最好方式是把它分成各个部分并检验这些碎片。的确,关于河流,通过在显微镜下检验水的样本,我们可以得到某些知识。然而,当我们考察河流的生命时,也就是当我们考察它的各种关系,诸如它的流动形成山脉的方式,它为鱼类提供家园,它为鹿儿提供生命之源等等时,我们就对河流具有了非常不同的理解。

怀特海的自然哲学把自然界看作是活的。所有生物都会死亡。而

---

① Alfred North Whitehead, *Process and Reality*: *An Essay in Cosmology*, Corrected Edition, NY: Free Press, 1978, p. 27.

我们作为人类的福祉则依赖于有生命的地球的健康。作为生态文明理论家的大卫·柯腾(David Korten)指出："我们人类是由活的地球生养的。"[①]说地球是有生命的系统之系统，这是同机械世界观的彻底决裂，这种机械世界观把实在描述为是由僵死的运动物质所构成的。

虽然现代范式是彻底的人类中心主义，因而人类同自然界是相分离并优于自然界的，但怀特海的建设性后现代经验哲学却涵盖了所有的现实存在，不只是涵盖人类。经验使得主体性成为必需。对我们所经验的一切，我们还会有感受，并且它正是我们所感受到的价值中心，这个中心正是经验的主体。通过把主体性赋予所有的存在(不只是人类)，建设性后现代主义者把世界理解为主体的共同体，而不是客体的共同体。客体可以被商品化，因为它们只有工具价值。但是，我们知道，主体作为有生命的经验中心则不是被拥有的东西。把内在价值赋予不只是人类世界就会使我们超越现代文明的人类中心主义特征，走向热爱生命的本性(对自然的热爱)，根据这种本性，我们就会关怀人和地球的福祉——它们不是分离的。

人与地球相互依赖对建设性后现代的环境危机观点也有意义。生态文明首先的和最重要的是生态。一方面，这意味着要成为一个关怀环境福祉(例如，可持续性或能维持性)的社会。然而，它还意味着要根据有生命的有机体(动态的系统之系统)来思考。有生命的系统哲学有两个方面，一是有生命的，二是系统。

作为**有生命的**系统，地球具有所有的有生命事物的属性——暂时性。怀特海的哲学广泛地被称为"过程哲学"。其理由是因为对怀特海来说，世界在根本上不是由独立的历经时间而不变的持续实体所构成的，而是由相互联系和复杂的经验构成的——这是一个关系的过程。怀特海写道："'万物皆流'是……一个终极的普遍原理，我们必须以之为中心编织我们的哲学体系。"[②]万物皆流的观念并非是怀特海独有的。根据柏拉图，大约在怀特海之前1300年，赫拉克利特就陈述道"你不可能

① https://davidkorten.org/home/ecological-civilization/.

② Whitehead, *Process and Reality*, p. 317.

两次跨入同一条河流。"万物皆流常常被解释为是指"所有事物都会变化。"但是,那我们如何说明我们的经验的连续性呢? 正如怀特海所说,"每个现实发生都是以整个过去的世界为背景而成为存在的。过去是由无数个现实发生所构成的,这些现实发生都有它们的直接主体性时刻……并且会'消逝'。"[①]每个时刻的永恒消逝意味着世界是由暂时性所构成的。但是,当下时刻与历史之网相联系而成为存在,这个事实也意味着过去具有独特的活在现在的力量。怀特海把实在视为既衰退又流动,这一观点对我们思考生态文明有什么意义呢? 像所有的实在一样,文明也会有兴亡。现代工业文明也会衰亡。下一个文明将是什么? 自然界的流变蕴含的意义是,我们需要一个长期的解决方案,这个方案要求我们根据生态文明愿景来回看当前的危机,并给我们描绘一条通向未来之路。

作为一个有生命的**系统**,地球应当被理解为相互依赖的复杂关系网络。系统世界观是脱离自我尤其是人类自我为中心的个人主义现代性的机械观点的转向。生态文明范式把个人理解为永远是"共同体之人"。尽管现代架构把实在理解为是由独立的实体构成的,怀特海的建设性后现代主义则把实在理解为相互联系的过程网络。我们并不是只有外部关系的独立存在,我们是由内在构成的相互联系的发生或事件。作为系列的有序经验瞬间,大多数存在(人、动物等等)都是各种发生的集合体——共同体之共同体。同样,生态文明的基石是那些能参与全球性共同体之共同体的牢固的地方共同体。

根据现代范式,"共同体"被认为是与个人利益不协调的,全球性是与地方性不协调的,这一方面导致了部落文化,另一方面导致了殖民化的独裁主义。从建设性后现代视域看,个人与共同体不是紧张关系,因为两者是相互联系的。共同体之人模式使得共同体视域成为必需,这将会推进共同福祉——这个世界是为所有事物而起作用的。这种两者兼顾的进路反映了作为建设性后现代哲学和生态文明之核心的和谐价值。但是,和谐要求差异。

---

① A. N. Whitehead, Process and Reality, xi., *Science and the Modern World*, p. 126.

生态文明不是在所有地方都视为相同之物的单一文明。我们不能把它理解为一个标准,可适用于回答我们这个世界所有最紧迫的问题。生态文明在中国的样子,将会不同于它在韩国的样子,不同于它在南美的样子,不同于它在德国的样子,如此等等。毕竟,每个地方都有独特的历史、独特的地理,等等。以我们的自然生态为模型的(被称为仿生学的)生态文明赞成多样性的力量和美。只有单一音符的歌曲不是非常有趣的歌曲。由单一花种构成的花园不是很美的花园。此外,单一品种的花园由于生物多样性要求健康的土壤而不是可持续的花园。尽管如此,这里仍然有统一的愿景,其中包含着重新设计我们的社会制度和结构,以便为长期的可持续性和总体的幸福而使共同福祉达到最大化。

正像"文明"一词如何倾向于捕捉人类社会的全貌一样,"共同福祉"一词也特别地倾向于掌握最综合意义上的全体幸福。它包含着物质上的幸福和情感上的、精神上的、心理上的幸福……从根本上说构成一个人的所有东西。此外,它不仅包含着不只是当下人类世界的幸福,还有未来一代的幸福。为了发展可推进这种共同福祉的社会制度,就需要发展可推进人和地球的总体幸福的社会制度——推进所有生命形式的繁荣——既包括当下的也包括长期的。

这种建设性后现代"生命系统"观的一个重要意义,就是要认识到我们的主要环境问题既不是同我们的社会问题相分离的,也不是同其他环境问题相分离的。所有事物都是相互联系的。这个一般原理具有现实的意义。如果你想解决诸如环境危机之类的复杂问题,你就需要根据复杂系统来思维。记住,"我们的全球性的社会和经济组织的内在架构需要转变。"①在制度和架构层次改变是更为根本性的改变,因而更具有深远的意义(例如,更能同时考虑处理多重问题)。复杂性问题要求复杂性解决方案。建设性后现代思维提醒我们注意,关于气候变化的真正解决方案是系统性的、综合性的和整体性的。

生态文明必定是可持续的文明。这意味着,除了其他事物以外,还要建立可推进长期幸福的社会制度。根据现代文明,由于受公司利润或

① Jeremy Lent, "We Need An Ecological Civilization Before It's Too Late".

利益所驱动,成功是以短期收益和季报来衡量的。通常,这种结果会导致“最佳实践”,但却会在沿途造成毁灭性的后果。以农业为例。现代产业化农业的目标是产出最大化,同时投入最小化。这就会导致人们偏好于大面积种植单一作物,因为这会使得一个人很容易地驾驶拖拉机收获大量作物,而使用传统农业方法则会要求一个团队的农民才能完成这些任务。尤其是在诸如玉米和麦子这一类农作物的生产方面是这样。根据现代范式,农业的成功是以花费最少量的金钱(或人力),收获最大产量的食物为标志的。但是,食物的质量如何?土壤的长期健康如何?由工业化耕作方法所要求的使用危险化学制品的农民们的健康如何?还有无数的其他可能的考虑可用来衡量农业的成功,但是因为现代文明主要关心短期金融收益,在产业化农商中的许多主导性实践一直在对环境施加严重的损害,并把长期的人类幸福和世界上其他东西的幸福置于危险境地。例如,使用农药和减少生物多样性已经导致蜜蜂种群的危机。据估计,所有农作物的三分之一和接近 90%的野生植物需要授粉,而蜜蜂是主要的传粉者。由于在世界范围内蜜蜂有巨大的减少,食物短缺可能会导致大规模的贫民挨饿。生态文明是人类与自然和谐相处的文明,需要考虑我们的群体活动所造成的长期后果。

五、结论

现代文明一直被现代哲学的潜在假定所困扰。尽管现代文明把人类看作是与自然界相分离的并优于自然界,生态文明则认为人类是自然界的一部分。虽然现代文明把知识碎片化为学科,结果导致了对复杂性问题的零碎的解决方法,生态文明则把世界视为相互联系的关系网络,因而我们需要对复杂性问题进行系统的解决。虽然现代文明赋予个人以超越和对抗共同体的优越地位,生态文明则把个人视为在根本上是“共同体之一”(共同体之共同体),所以我们的社会应当为共同福祉而设计。虽然现代文明赋予短期利润以优越地位,生态文明则采取长期的进路。虽然现代文明把自然界看作可为人类利益而加以奴役的商品,生态文明则把自然界视为内在地是有价值的,并且认识到我们的福祉依赖于有生命的地球的健康。虽然关于生态文明的所有倡议并非都是怀特海主义所主张的，所有的怀特海主义者都应当提倡生态文明。正如大家所看到的那样，怀特海的建设性后现代自然哲学（关于流变、相互联系和价值经验）为生态文明提供了一种强有力的基础。在建设性后现代哲学的帮助下，一种新范式有可能出现，根据这种新范式，我们的经济制度、教育制度、政治制度、农业制度等等，都能根据我们是由有生命的地球生养的这种认识来设计。这种文明实际上就是生态文明。

第九章　建设性后现代科学观述评

杨富斌

以小约翰·柯布和大卫·格里芬等为主要代表人物的建设性后现代主义者以怀特海的科学哲学思想为依据,对以牛顿经典力学为代表的现代科学的基本特征及其蕴含的现代科学精神进行了批判性的反思和中肯的评价,并在此基础上明确提出和阐述了建设性后现代科学哲学的主要观点和思想,尤其是较为详细地阐述了后现代科学的主要特征及其蕴含的后现代精神。在我国当今全面推进建设社会主义现代化和生态文明建设的过程中,以马克思主义科学观为指导,批判性地反思和借鉴建设性后现代科学观的合理思想和基本观点,具有重要的理论和现实意义。

一、"现代科学"及其基本特征

"现代科学"一词在西方科学发展史上本来并不是一个专门术语,它通常是泛指西方近现代以来所出现的新科学,主要是指自伽利略以来的自然科学,并以牛顿经典力学为主要代表。从这个意义上说,西方现代科学区别于西方的古典科学,如托勒密的天文学等。怀特海所撰写的《科学与现代世界》一书所讨论的正是西方现代科学及其对西方社会的积极影响和负面作用。

但是，在建设性后现代主义语境中，“现代科学”一词则被赋予特定的含义。从与“后现代科学”一词相对的意义上说，“现代科学”是特指以实体哲学和二元论为哲学预设，以牛顿经典物理学为主要代表，并以其所蕴含的科学精神来解释世界和改造世界的自然科学及其文化理念。而后现代科学则是指以爱因斯坦相对论以及稍晚所出现的量子力学等为代表，包含现代生命科学、复杂性科学和生态科学等在内的，以承认世界的系统性、复杂性、自组织性、有机性和关系性为哲学预设的所有自然科学，以及它们所体现的后现代科学精神。

需要强调说明的是，在西方科学界和我国科学界，并没有所谓“现代科学”和“后现代科学”之分。“后现代科学”(postmodern science)一词最早可能出现在格里芬主编的著作——《科学的祛魅：后现代提议》(The Reenchantment of Science：Postmodern Proposals)一书中。该书第三章的标题即是“后现代科学和后现代世界”，作者是英国科学哲学家大卫·伯姆。伯姆说：“后现代物理学，广而言之，后现代科学，其可能达到的目标也许对这类洞察力具有极其重要的意义。后现代科学不应将物质与意识割裂开来，因而也不应将事实、意义及价值割裂开来。”①而在该书译为汉语出版时，据说是王治河博士建议把该书书名译为通俗易懂、语义和观点明确的《后现代科学：科学魅力的再现》。正是中央编译出版社出版的这部译著的书名，使“后现代科学”一词开始在我国学术界流行起来。

根据格里芬和柯布等人的分析和论述，现代科学的最主要特征是对“世界的祛魅”，把外部世界完全视为可为人类认识、改造和利用的客观对象，从而把人同自然之间不可分割的内在关系完全割裂和扭曲了。这种扭曲主要表现在如下几个方面：

首先，从研究对象上看，现代科学把自己的研究对象严格地限定为自然界中的实体性事物，并假定这些实体性存在是纯客观被动的质料，是人类取之不尽、用之不竭的材料源泉，而不是有生命的有机存在物。

---

① 【美】大卫·雷·格里芬著：《后现代科学：科学魅力的再现》，马季方译，北京：中央编译出版社1998年版，第83—84页。

这些客观的实体性物质材料处于永恒不变的空间或虚空之中，并通过某种介质(以太)而发生着相互作用。这些自然存在物本身可以运动和变化，彼此之间通过一定媒介而相互影响、相互依赖和相互作用，但是作为自然事物之总体的宇宙整体则是永恒不变的，宇宙及其中的万事万物的运行规律也是永恒不变的。所有复杂的客观自然物都是由微小的基本元素如原子或基本粒子所构成的，一旦我们了解和掌握了客观事物的这些基本的构成元素，我们就可以了解它们所构成的事物之整体。在现代科学看来，所谓关系只是客观事物之间的外在关系，事物之间不存在内在关系；所谓运动只是具体事物的相对的空间位置的移动或者其场所的变更，或者事物的数量的增减，不存在所谓事物的质变或新事物的产生。时间也只是对具体的客观事物的运动和变化的度量，只是研究和描述客观事物的一个参数，其本身实际上并不存在，整个宇宙本身则是没有时间、没有历史的。因此，在现代科学看来，客观事物本身并没有真正的过去、现在和未来，自然界在总体上并没有自己的历史。而所谓灵魂、意识、观念等精神性的东西以及上帝、魔鬼、天使等宗教世界中的存在，在现代科学看来，都是同样虚幻不实的存在，这些精神客体在自然界中是根本不存在的。

正是在上述意义上，德国思想家马克斯·韦伯称现代科学对待自然的这种基本态度和原则为“世界的祛魅”。这就是说，相对于古代科学和哲学承认自然界的神圣性、有灵论和人的灵魂的存在而言，现代科学自认为自己是彻底的无神论。在现代科学家看来，自然事物本身无任何神圣性可言。即使是那些在自己的科学研究领域之外承认并坚持基督教创世说的现代科学家们，也只是承认作为创造者或造物主的上帝及其神圣家族成员的神圣性，不承认作为“被创造物”的自然万物的神圣性或灵性。在他们看来，古代所谓自然事物的神圣性或灵性的主张，都是人为地给自然事物的“附魅”。而现代科学的任务就是要通过纯粹客观的科学研究而揭示自然事物客观的本质、结构和永恒不变的内在规律，从而把古代蒙昧时代的人们人为地附魅于自然事物之上的“魅力”去掉。这就是所谓给自然“祛魅”，或“自然的祛魅”或“世界的祛魅”。而所谓“科学的祛魅”也就是现代科学对世界的祛魅。

在格里芬和柯布等建设性后现代主义者看来，现代科学坚持以自然界的客观事物为对象，以承认自然界的客观实在性为前提，以观察、实验、分析、还原和数学等方法为手段，致力于追求自然界客观的基本要素、结构和规律，并特别地坚持以精确的数学方程式来揭示自然界的内在规律或原理，努力排除各种偶然因素和人的主观因素的干扰，这具有极大的合理性和进步性，使人们有可能对外部世界作相对精确的定性和定量研究。因此，现代科学在认识自然、改造自然和增长人类社会的物质财富等方面，取得了巨大的成就，推动了人类社会文明的整体进步，使人类社会超越了农业文明社会，走上了现代化的工业文明社会。但是，现代科学把自然界中的所有事物都当作无生命的物质对象，割裂了物质与精神的内在关系，完全否定事物之间的内在联系，否定事物自身的能动性和主体性，否定整个自然界或宇宙有自己的历史“故事”，不承认宇宙有真正的过去、现在和未来，这则是根本错误的。以相对论、量子力学、复杂性科学、现代生命科学和生态科学等为代表的后现代科学观则坚持认为，自然科学所研究的对象既有相对的客观性和确定性，也有一定的主体性和不确定性。爱因斯坦相对论所揭示的物质客体的运动的相对性和时-空与物质运动的不可分性，量子力学所揭示的物质运动的不确定性和量子存在状态的波粒二象性，以及量子干涉现象或量子缠绕现象，复杂性科学所揭示的物质现象的复杂性、自组织性，现代生命科学和生物进化论以及生态学所揭示的生命的突现、演化和有机体与环境之间的相互依存性等，都向我们雄辩地证明，不仅自然界中的各种具体事物和现象是相互联系、相互影响和相互作用的，并且是不断地运动、变化和发展的，而且它们所组成的有机整体，即整个世界或宇宙总体，也是内在相关、自我生成、变化和消亡的生生不息的过程，宇宙在总体上也有自己的演化史，有自己的历史故事。不仅宇宙中各种事物和现象是相互联系的，人类作为宇宙中的存在物也是与其他万事万物相互依存的，人对自然物的研究乃是人作为主体与同样是能动的、有机的、不确定的自然过程相互作用的过程。因此，对自然现象的任何科学研究并不是与人的主体性作用无关的纯客观研究，而是具有人的能动的选择、作用和解释的过程和结果。若要坚持所谓纯客观的科学研究，那就无异于“让石头自己写传记”（怀特海语），这是根本不可能的事情。即使对遥远天体的观察，其观察结果也会有“人差”，即不同的观察者会有不同的观察结果。而由于自然界中的事物皆有自身的能动性和主体性，能相互感受和相互作用，因为它们作为有机体，皆有自己的能动性和自由选择性，因此，对于人类肆意地滥用、僭害、征服和掠夺自然物的行为，大自然会能动地“报复”和“惩罚”人类的此类行为，这表明自然万物具有自身神圣的不可侵犯性。因此，以柯布和格里芬为代表的建设性后现代主义者主张科学应当给自然界“复魅”或“返魅”，即承认自然界本身的神圣性或灵性。这就是格里芬所撰写的《科学的复魅》一书的宗旨。也正因此，他们对中国古代的“天人合一”思想特别认同。

建设性后现代科学哲学思想认为，对于现代物理学家来说，“实在”意味着宇宙间最根本的相互作用。“从某种意义上说，人们认为世界的物质本质被一组数学方程式所概括。万有引力和强核反应是宇宙间真正的操纵者。事件的实际过程被认为是次要的，是物质实在的基本动力所构成的‘细枝末节’。‘时间的故事’被认为是第二性的，甚至是虚构的，因为时间只是方程式的一个参数，也就是说，与距今 10 亿年前的某种时间相反，今天的时间已没有什么特殊意义了。每一时刻都是相同的，因为数学方程式告诉我们，任何两个时刻都没有什么区别。”①这种机械论宇宙观和对精确的数学方法的迷信，虽然在一定范围和程度上，能说明宇宙中的某些物质现象和机械运动，却不能说明宇宙中的生物演化、生态演变、生命突现等许多现象，更无法说明整个宇宙的膨胀和演化。其原因就在于，“牛顿的宇宙观认为，运动只存在于宇宙之中，而宇宙作为一个整体，是万古不变的。因此当爱因斯坦的场方程式表明：宇宙不是静态的，宇宙每时每刻都在膨胀到一个原来不存在的空间，宇宙是一个动态发展的实在时，爱因斯坦简直目瞪口呆了。”②这表明，即使爱因斯坦的思维方式，在某种意义上也未跳出牛顿绝对时空观的窠臼。

---

① 【美】大卫·雷·格里芬著：《后现代科学：科学魅力的再现》，马季方译，北京：中央编译出版社 1998 年版，第 69—70 页。

② 【美】大卫·雷·格里芬著：《后现代科学：科学魅力的再现》，马季方译，北京：中央编译出版社 1998 年版，第 71 页。

尽管如此，有些具有变化思维的科学家们却通过爱因斯坦、哈勃以及其他人的工作，“现在已经认识到，我们的宇宙有一个交付计划的起点，并已经过了150—200亿年的发展演变。宇宙的每一时刻都是新的，也就是说，我们现在认识到，我们不是生活在牛顿所认为的静止的空间，而是生活在一个不断发展中的宇宙故事当中。”[①]这表明，现代科学所坚持的宇宙法则是亘古不变的观点，乃是完全错误的，在不断演化和发展的宇宙中，其根本法则也是不断地演化和发展的。宇宙的客观规律本身也是在不断地生成、演化和消亡着。物质运动规律本身就是宇宙演化的产物，因而宇宙的法则乃是过程的，没有永恒不变的法则。因此，数学方程式所揭示的宇宙规律至多在宇宙的一定范围内、一定事物上和一定历史时期内是有效的，它们不可能是在整个宇宙的所有事物上和所有时间内“放之四海而皆准”的真理。根据相对论，爱因斯坦本可以预见和说明宇宙的演化，但由于他的意识中缺乏辩证的过程思维，这使他与这一伟大的思想发现失之交臂。当代杰出的物理学家约翰·阿切博尔德·惠勒对宇宙法则说过一句经典的话：在自然界中“没有任何法则，只有这才能算一条法则。”[②]由此，我们也可以理解，为什么在我国当今时代，有些研究相对论和量子力学的物理学家，其思维方式仍然停留在牛顿物理学的机械思维方式水平上的缘故。对此，我国有的工程院院士（如钱正红院士?）也曾明确地予以反思。

此外，关于时-空的客观实在性及其过程性质，建设性后现代科学观认为，这是真正的生态科学、生命科学以之为前提的宇宙的基本性质，也是所有后现代科学的前提。相对论和量子力学推翻了牛顿经典物理学的机械论世界观，这表明对现代科学的机械世界观的自满，乃是极其危险的。[③]

其次，从现代科学的研究对象限定中所排除掉的精神现象上说，现

① 【美】大卫·雷·格里芬著：《后现代科学：科学魅力的再现》，马季方译，北京：中央编译出版社1998年版，第71页。

② 【美】大卫·雷·格里芬著：《后现代科学：科学魅力的再现》，马季方译，北京：中央编译出版社1998年版，第71页。

③ 【美】大卫·雷·格里芬著：《后现代科学：科学魅力的再现》，马季方译，北京：中央编译出版社1998年版，第87页。

代科学认为人的精神、意识、灵魂、意志等存在是所谓“第二性的东西”，它们在自然界里根本没有自己的位置或场所。它们至多是依附于一种特殊的物质实体——即人脑——的副现象，而在自然界中它们根本就不存在。这就是所谓“副现象论”。根据这种副现象论，所谓灵魂、意识、意志之类的精神性存在物，既没有重量和质量，也没有广延性，我们无法对它们进行观察和实验，更不能用数学方程式来表达它们的精确数量和关系，因此，这一类不能用观察、实验和数学方法等自然科学方法来研究的东西只能被归结为人类的思维幻象。现代哲学之父和现代科学早期重要代表人物之一笛卡尔，虽然承认世界上有精神实体的存在，但他也只是承认精神实体仅仅能存在于宗教所说的信仰世界之中，不能存在于现实的物质世界之中，因为在科学上我们无法证明和理解精神实体的存在。同样，像上帝、神灵、天使、魔鬼等宗教世界中的存在，也不存在于客观的自然界中。这样一来，现代科学不仅彻底否定了传统基督教等宗教传统所信仰的上帝的存在，把上帝等神灵干净彻底地驱逐出了自然界，而且也彻底地否定了精神科学或意识科学的可能性。在现代科学看来，对于“科学的唯物主义”所不可理解的这类事物，我们都不可能进行科学的研究，因而所谓“精神科学”是不可能的，并且它还骄傲地自认为，这乃是现代科学理论的自洽性、实验检验和观察检验方法所必然要求的。所以，现代科学的基本精神认为，它自身乃是无神论的，是与迷信、有神论和宗教世界观格格不入的。即使牛顿等西方现代科学家在科学研究之外乃是虔诚的基督徒，他们所坚持的基本原则却是“凯撒的归凯撒，上帝的归上帝”，认为科学和神学应当“井水不犯河水”，是两个泾渭分明的不同领域。所以，牛顿晚年虽然一直在致力于研究《约翰启示录》中的相关内容，试图以此来“科学地”解释宇宙天体运行的“第一推动力”，最后他也只能是无果而终，断然不会获得任何有价值的科学成果。

在建设性后现代主义者看来，现代科学把人的灵魂、精神、意识、意志、灵感和直觉等东西，完全地归结为与物质实体相脱离的第二性的存在，以物质实体和精神实体截然不同的二元论为哲学预设前提，断言精神实体与物质实体没有内在关联，因而所谓“精神科学”是不可能的，这乃是罔顾客观事实的非科学态度，或者叫非理性态度。人的精神和肉体内在地结合在一起，这是人们无时无刻不在切身经验着的客观感受和事实。作为现实的个人，一定是精神、灵魂、意识和肉体的统一体。某个现实的个人一旦失去精神、灵魂和意识，这个人就不再是现实的个人，而是成为“死尸”了。所谓活人与死人的根本区别，就在于这个人是否有精神、灵魂和意识，这种精神人格才是人之为人的根本特征。我们知道，就连现在的法律法规都承认和坚持人的精神人格的存在，所以法律法规上才有所谓人格权、著作权、肖像权等权利的存在。如果不承认精神人格的存在，所谓人格权、著作权和肖像权的设立便失去客观的依据。而现代科学无视这些客观经验事实，硬是把人的存在，同时也把其他所有动物和植物等有生命的存在物都归结为机械的、物质性的存在，这在根本上是完全错误的。以此为哲学的预设前提，所推论出来的所有结论都一定是成问题的。

不仅如此，在建设性后现代科学主义者看来，人和其他动物、植物以外的所谓无机物，如石头、山川、河流和原子、分子和基本粒子等一样，实际上也都是具有复杂的内在结构和要素的有机体。把它们看作事件和有机体，并在一定意义上具有自身的感受、主体性、自由度、自组织性和自我生成性，这在后现代科学思维中已成为共识。基本粒子的波粒二像性、不确定性、自主选择性和自相缠绕、自我相关等特征，也成为量子力学和复杂性科学家思维中的基本主张。甚至马克思当年就曾讲过，自然界乃是人的“无机的身体”。而现代科学无视这些基本事实，硬要在物质和精神现象之间划出人为的界限，并坚持物质和精神各自独立存在，它们有本质的不同，然后试图在此基础上论证和说明它们之间的相互作用，结果使得“物质和意识的关系”或“身心关系”问题，成为传统的实体哲学包括唯物主义和唯心主义者以及二元论哲学永远无法解开的“世界之死结”。格里芬以《解开世界之死结：意识、自由及身心关系》为题所撰写的专著，就是专门根据怀特海有机哲学，对物质和精神、身体和心灵的关系，作了建设性后现代主义的合理解释。他深刻而清晰地从内在机理上阐述了西方实体哲学和二元论哲学一直难以解开的物质和精神、身和心如何相互作用的这一被阿瑟·叔本华所说的“世界之死结”。对此，我们在随后还要详细阐释。

在格里芬看来，“意识问题，既是心-身难题中的核心特色，也被普遍视为科学(不仅仅是哲学)的难题。”①著名现代西方科学哲学家卡尔·波普和约翰·埃克尔，在其合著的《自我及其大脑：赞成相互作用论》一书中认为，要懂得非物质性的心与物质性的大脑之间如何发生相互作用，这也许是不可能的。另一位西方科学哲学家纳格尔，曾经对身心关系问题的重要性有个正确的判断，他说：“任何关于心-身关系的正确理论都会彻底改变我们的整个世界观，都会要求我们对那些现在被我们看成是物质性的现象作重新的认识。”②格里芬则认为，大多数研究身心关系问题的科学家，除了其他工作以外，一直都在努力回答一个原则上不可回答的问题。再多的经验研究，无论其何等精彩，都不能回答这个问题。因为这个问题的“解决方案应该是一个哲学的方案。这并不意味着我小看了科学应起的作用，而是相反。我的核心目的之一，就是要卸去不高明的哲学一直强加给科学家的一个伪问题，以便他们不再分心而能自由地研究意识问题的纯粹科学方面。”③因此，格里芬根据怀特海有机哲学关于物质和精神关系的基本观点和立场，详细地阐述了二者的辩证统一关系。

根据有机哲学，物质和精神是同一种现实存在(actual entity)或现实发生(actual occasion)的两个方面。怀特海称它们两者是现实存在的“物质极和精神极”。从最微小的基本粒子，到个体体型最大的植物和动物，直到最大的宇宙整体，都是这两种属性的统一体。因此，世界上的万事万物，作为相对独立的个体，都具有一定的感受能力或经验能力，而到自然界演化出人类以后，这种精神极在人身上达到了自我意识的程度。对身心关系的所有曲解，以至于这一问题成为世界之“死结”，主要原因就在于传统的机械唯物论和二元论对“身”的认识和定性是错误的，即把“身”看成是绝对物质性的，否认其同时具有精神性，而有机哲学则认为，

① 【美】大卫·雷·格里芬著：《解开世界之死结：意识、自由及心-身问题》，周邦宪译，贵阳：贵阳贵州出版集团和贵州人民出版社 2013 年版，第 2 页。

② 【美】大卫·雷·格里芬著：《解开世界之死结：意识、自由及心-身问题》，周邦宪译，贵阳：贵阳贵州出版集团和贵州人民出版社 2013 年版，第 5 页。

③ 【美】大卫·雷·格里芬著：《解开世界之死结：意识、自由及心-身问题》，周邦宪译，贵阳：贵阳贵州出版集团和贵州人民出版社 2013 年版，第 6—7 页。

每一现实存在在根本上就是两极性的，即都具有物质极和精神极。[①] 这就正如道家学说所讲的那样，每一现实事物都是阴阳结合体。这样，便从根本上解开了这一世界之死结，既同认为精神可以独立于物质而存在的主客观唯心主义区分开来，也同认为精神是物质的附属现象或副现象的机械唯物主义区分开来，当然也同把物质和精神割裂开来的二元论哲学划清了界线。列宁当年也曾明确地说过，假定一切物质都具有类似于感觉的特性，这是合乎逻辑的。否则，意识的产生就成为"奇迹"。

再次，从现代科学的研究方法上看，现代科学所采用的研究方法主要有观察方法、实验方法、分析方法、还原方法和数学方法等。在观察方法中，现代科学努力地保持"观察的客观性"，试图完全客观地记录和描述客观事物的本来面目；在实验方法中，现代科学努力地排除各种偶然因素的干扰，以便在理想的环境中捕捉到客观事物的基本元素和结构；采用分析方法，现代科学努力地把复杂的外部客观对象分解为构成它们的基本元素，甚至一直想找到构成万物的终极粒子——"上帝粒子"，以说明构成所有实体的最基本粒子。所谓"希格斯粒子"被称为"上帝粒子"的原由就在于此；采用数学方法，现代科学努力地把自然界的事物及其机械运动、物理运动和化学运动规律，试图用精确的数学方程式来表达。牛顿的《自然哲学的数学原理》就是揭示物质世界如何遵循数学原理而运行的典范，因而以牛顿为代表的经典物理学被现代科学视为基本范式。依据现代科学的这一基本范式，严格的决定论或机械决定论乃是物质世界的基本规律：有其因必有其果，有其果必有其因。所有不能用自然界中的因果律来解释和说明的现象，都不是真实的和实在的现象。以至笛卡尔曾豪迈地说："给我物质和运动，我将建造一个宇宙。"[②]对于世界的这种机械决定论性质，就连著名物理学家爱因斯坦也深信不疑，并使他至死也不承认量子力学所揭示的世界的不确定性和量子的奇异特性，因而他曾说过一句众所周知的名言："我不相信这个世界是掷骰子

① 怀特海著：《过程与实在》修订版，杨富斌译，北京：中国人民大学出版社 2003 年版，第 306 页。

② 【美】大卫·雷·格里芬：《后现代科学：科学魅力的再现》，马季方译，北京：中央编译出版社 1998 年版，第 98 页。

的。”在机械决定论思想和分析方法的影响下，现代科学对我们所在的物质世界作了彻底的还原论解释，认为一切复杂的宏观物质实体归根到底都是由微观的基本粒子所构成的，因而自然界中的任何复杂事物都可以还原为最简单的原子或基本粒子。一旦我们了解了这些基本粒子的性质和功能，就可以掌握由它们所组成的复杂事物的性质和功能。因此，现代科学认为物质世界可以尽可能地还原成一组基本要素，这是机械论物理学的第一要旨。① 同时，由于现代科学只承认实体性的物质存在是实在的，因此它拒不承认物体之间的远距离作用，认为物体之间的远距离作用在根本上是不可能的，必须有某种物质性的介质，才能使这些物质实体发生实际的相互影响和作用。即使没有观察事实作根据，现代科学家们也一直执拗地不改变思路，不去寻找其他解释方式，而是假设有一种叫做“以太”的介质存在于宇宙空间之中，并认为这只是囿于现有科学观察手段的缺陷，人们在现在才观察不到它。

在建设性后现代思想家格里芬等人看来，现代科学之所以坚信上述科学研究方法，乃是因为在这些现代科学家的头脑里，一是非理性地排斥哲学的思辨方法，二是坚持主体与客体二元对立的思维方式。牛顿曾明确地说：“物理学，要当心，形而上学！”其主要意思就是物理学要坚持实证方法，包括观察方法、实验方法、分析方法和数学方法等，而不要采用传统西方哲学中的形而上学思辨方法。这是现代科学排斥形而上学思辨方法的典型表述。直到后来孔德的实证主义，尤其是逻辑实证主义所批判的经验主义的两个教条，把形而上学命题当作是无意义的胡说予以拒斥，从而使形而上学的思辨方法及其对普遍性原理的判断成为西方现代哲学中的笑柄。然而，这种对形而上学思辨方法不分青红皂白的排斥态度，恩格斯早年就曾给予过明确的批判和否定。他针对牛顿的这句“名言”评论说：“这是对的，但是在另一种意义上。”所谓另一种意义就是指自黑格尔哲学所首创，继而被马克思主义继承者和其他学派所使用的“形而上学”概念，即以孤立的、静止的和片面的观点看问题的世界观和

---

① 【美】大卫·雷·格里芬：《后现代科学：科学魅力的再现》，马季方译，北京：中央编译出版社 1998 年版，第 84 页。

方法论。这种意义上的形而上学当然是物理学要当心和拒斥的学说。而在形而上学本来的意义上，即在第一哲学的意义上，在研究整个世界最普遍的特性、原理和规律的意义上，形而上学不仅不能被否定和拒斥，相反，正如怀特海在《过程与实在》中所说，这种思辨哲学方法还是人类获得知识的重要方法。实际上，物理学甚至所有现代科学和后现代科学，都是对其所研究的领域和相关对象的普遍特性、结构和普遍规律的概括和总结。通过所谓观察方法、实验方法、分析方法、还原方法、统计方法等实证方法，科学家们所获得的客观对象的属性、特性等相关信息，无疑都是有限的，都是在特定时空中所获得的材料。然而，科学家们在最后所概括和总结出来的特征和规律或原理，则都是普遍的，对相关领域中的所有对象都是普遍适用的，并不只是对由以概括这些普遍特征和规律的材料是有效的，可见，在这里，一定存在着通过思辨方法而进行的普遍性概括和总结，其中一定有“思维的跳跃”，否则，就事论事，就材料谈材料，就观察谈观察，就实验谈实验，没有任何逻辑上的扩展和思维的跳跃，没有从个别推出一般、从特殊上升到普遍、从暂时上升到永久，那就不可能有真正的科学结论。如果说现代科学只允许在自己的研究领域内进行思辨的概括和总结，进行普遍特征、结构和普遍规律的逻辑跳跃，同时却不允许人们对这些现象和规律进行普遍性更大、更广阔的哲学概括或形而上学原理的概括，那就太霸道了，类似于“只许州官放火，不许百姓点灯”，此乃是典型的非理性行为。而当现代科学家在作这样的普遍原理的概括时，如牛顿所做的数学原理的概括，一定是在整个物理领域都是适用的普遍原理。当他们这样做的时候，实际上是在“偷偷地运用普遍的哲学概括方法或形而上学思辨方法”，只不过他们对此并不自觉罢了。

同时，现代科学认为，主体只属于人类，只有人类才是主体，而人类以外的所有事物都是客体。这样，在现代科学的视野里，人与自然、主体与客体、事实与价值都成为相互对立的存在。这也正是现代科学之所以对观察和实验方法以外的“事实”一概不予承认的根本原因所在。这也是它不尊重自然，不敬畏自然，主张任意地改造、掠夺和践踏自然万物的根本原因所在。这种思维方式延伸到社会领域，就是明显的社会达尔文主义，主张弱肉强食，男女不平等，人种、民族和国家不平等，一切以强者为主体，其他人和物都成为强者的客体。两次世界大战发生在现代科学和工业革命以后的现代时期，决不是偶然的。这同现代科学、现代哲学的思维方式，和由此而造成的帝国主义、殖民主义、军国主义密切相关，它们之间具有内在相关性。

最后，现代科学坚持认为，现代科学本身的发现证明了整个宇宙是无意义的。如果说它有任何的意义，那也只是人作为主体所投射给它的。因为所谓意义和价值，只对主体才有意义。若没有人作为主体，宇宙便是没有意义的。因此，康德的"人为自然立法"成为现代科学所特别推崇的哲学主张，认为它高扬了人的主体性。而自然界在现代科学看来只不过是混沌的无序存在而已，脱离了人的主体性，自然界便是无。

针对上述观点，格里芬明确地指出，否定宇宙本身的价值和意义，这是现代科学的最后的祛魅。正是由此才形成了现代科学的宇宙观：物质主义宇宙观。这里之所以把它表述为"物质主义"，主要是为了同国内约定俗成的"唯物主义"概念相区别。在英语等西方文字里，我们在现代汉语里所说的"唯物主义"实际上就是对英语的"materialism"一词的翻译。如果说这一概念是指西方现代哲学中的"物质主义"，这样翻译是非常到位的，因为这种物质主义就是只承认物质的客观实在性，否定精神的客观实在性，因此，把它译为汉语的"唯"物主义，意在表明这一学说"以物为本"，以"物质为唯一的存在"，确实是无可非议的。因为这种"主义"只承认世界的物质性，否定世界的精神性、意识、灵魂等的客观存在，这便导致了在价值观上认为，只有与人有关的外部事物才是有价值的，某物只有相对于主体来说才有所谓价值可言。这样一来，世界本身的价值和意义，世界中的客观事物本身固有的价值和意义，都被彻底取消了。可悲的是，直到今天，在我国的一些哲学教科书和哲学工具书上，甚至在多数专门研究价值论的专著中，对"价值"一词的界说和解释，还是在主客体关系之中来说明价值，似乎没有了人类这一主体，一切都没有意义和价值。殊不知，这种人类中心主义的价值论，在根本上是与马克思主义价值观和中国传统文化中的"天人合一""万物与我为一体"的价值观根本对立的。

根据怀特海过程哲学的价值论，柯布和格里芬等建设性后现代主义者明确地论述道，世界上或宇宙中的任何现实存在，都有自身内在固有的价值、为他物的价值和对环境的价值或者其对整个宇宙的价值。这三种价值是缺一不可的，事物的固有价值是基础，没有它便没有它对他者的工具价值，也谈不上它对环境或整个宇宙的价值。所谓价值和意义，在怀特海哲学看来，也就是它的重要性(importantce)。而现代科学，包括西方现代自然科学、社会科学和人文科学(当然也包括现代经济学等学科)，只看到和只承认客观事物的工具价值，即可以为人利用、为人服务的经济价值或其他使用价值，没有看到任何现实事物作为相对独立的个体性存在，只有在首先具有其内在价值或固有价值之时，它才可能有对他者(包括他人、他物)的工具性价值。而从宇宙中的万事万物的生成来说，它们只有在自身的主体性目的指引下，并在宇宙整体的作用"诱导"下，通过吸纳自身过去的客体性材料，通过其主体对未来愿景的想象和追求，才能创造性地生成为新的事物。因此，世间万物的生成决不是孤立的个体行为，而是整个宇宙及其中的万事万物共同努力的结果。这样看来，宇宙总体不仅对于万事万物的生成、发展和灭亡这一生生不息的过程是有意义和价值的，而且其本身的存在、生成和演化也是有价值和意义的。现代科学否定宇宙总体的意义和价值，乃是缺乏整体思维、辩证思辨、过程思维和关系思维所造成的，也是其坚持人类中心主义世界观必然导致的结果。宇宙无始无终、无边无际，其大无外，其小无内。尽管人类迄今已经发现了 5500 万光年之外的黑洞，还给其拍摄了清晰的照片，但这决不是宇宙的边缘。恰恰相反，这告诉我们"天外有天"，宇宙永远没有边缘。这便启示我们，任何否定宇宙本身的意义的观念和行为，都是极其有害的。它既会影响我们对无限宇宙的探索，也会导致人类中心主义等错误观念。

综上，现代科学所具有的全部上述特征，都是现代科学以实体哲学和二元论为哲学预设所导致的结果。反过来，这些特征及其所蕴含的基本精神又强化和促进了现代实体哲学和二元论的发展，扩大了它们在当代社会的影响，并使得社会科学和人文科学也受到极其严重的负面影响。所谓"科学与文化"的对立，即所谓"两种文化"的对立，就是自然科学与社会科学和人文科学相对立所造成的负面影响之一。

综上，也可以得出结论说，根据后现代科学的理解，自然资源是有限的，人类应当合理地开发和利用它们，不能肆意滥用和浪费，更不能任意地掠夺和伤害。同时，尽管自然界一直在生成和演化，既没有开端也没有终点，但是可供人类诗意地栖居的自然界在空间范围上则是有限的。人类不能妄自尊大，自诩为“万物之灵长”和“万物的尺度”，即西方古代哲学中就讲到的，人既是存在的事物存在的尺度，也是不存在的事物不存在的尺度，一切以人的需要和满足作为其他自然物是否能够生存与发展的绝对标准，一切自然物的生死存亡全奠基在人类的自我需要和满足的基础之上，这种人类中心主义观念在当代人类迈向生态文明的新时代确实应当休矣。

二、“后现代科学”及其基本特征

如上所说，所谓后现代科学是指以相对论和量子力学等科学理论为开端，包含现代生命科学、复杂性科学和生态科学等在内的自然科学。后现代科学的主要特征是以承认世界的系统性、复杂性、自组织性、有机性和关系性等为理论预设，把客观世界看作人与自然和谐共生的有机体或共同体或生命体去研究。它试图纠正现代科学对世界的祛魅，把世界本身的“魅力”或“神圣性”重新归还给自然界，还自然界以栩栩如生、充满生机与活力的本来面目。从根本上说，它所包含和体现的后现代科学精神，正是建设性后现代主义者柯布和格里芬等人所竭力提倡的真正的科学精神，并且他们试图以此来对现代科学精神的不足进行纠偏补正。因此，后现代科学并不是要全盘否定现代科学的研究对象、研究方法和价值取向，而是要在批判地扬弃现代科学的基础上，进一步扩展和完善科学的研究对象、研究方法和价值取向及其社会作用，把现代科学为了使研究对象单纯干净和不受干扰而舍弃掉的那些动态的、有机的和关系性的因素，把世界的复杂性、关系性、系统性、有机性和整体性等也纳入研究对象的范围之内。同时，在方法论上，后现代科学把动态的过程-关系研究方法、普遍概括的哲学思辨方法引入科学的研究方法之中，把关注和概括客观事物本身及整个宇宙本身固有的意义、价值和普遍规律作为科学研究的价值指引。

具体而言，从试图给世界复魅的角度来看，后现代科学的主要特征可从以下几方面来理解和说明：

首先，从研究对象上看，后现代科学视域中的自然界是有机的、有生命的自然界，表现为生生不息的统一的过程。构成这一动态的、复杂的、自组织的和自我实现的自然界，表现为由简单到复杂、从低级到高级的演化过程。自然界中的万事万物，大至宇宙天体，小到基本粒子，都是复杂的有机体，而不是单一的存在物。它们既不是孤立的和纯粹的实体，也不是纯粹的、“没有窗口的”即具有不可入性的“单子”，而是具有多种元素构成的、结构复杂的和不断自我生成的事件，也可称之为由诸多元素构成的共同体。不仅最微小的基本粒子是共同体，最大的天体也是共同体，而宇宙则是共同体之共同体。整个宇宙表现为大共同体包含小共同体的复杂有机体，正所谓“其大无外，其小无内”。世界上发生的任何事件，都是同周围其他事件甚至和整个宇宙中的事件相互联系在一起的。正因如此，才会有复杂性科学中所说的“蝴蝶效应”，才有系统论所说的“非加和性原理”，才有协同论所说的世界万事万物的协同性。

因此，人类对于自然界中各种事物和现象的研究，既要研究其机械运动和物理运动的方面，机械力学在这一范围内和层次上的科学研究无疑是正确的，即使是高级的生命运动过程中也存在着低级的机械运动和物理运动，如人体的骨骼运动等，但是，我们决不能把所有的运动形式都归结为机械运动或物理运动，不能把动物当作机器一样看待，更不能也把人看作是机器。从这个意义上说，笛卡尔、拉美特利等现代科学家和哲学家把动物看作机器、把人看作机器的观点是极其错误的，把生命现象完全归结为机械运动，并且试图用“熵”增来解释生命的学说，都是对生命的轻视和践踏，是把高级的生命运动还原为低级的物质运动的结果。尽管在完备的物理规律世界里生命到底是如何产生和运行的，这对物理学家来说是一个不解之谜，但是生命确定无疑的不是完全按照物理定律生成的，它具有以物理定律为基础同时又超越物理定律的超越性。

例如，尽管从 17 世纪开始盛行的机械决定论声称，一切事物都是由物理定律所决定的，既然我们能算出太阳、星辰和齿轮杠杆的运动定律，早晚有一天我们也能算出生命的密码，因而导致了今天的基因编辑技术、分子生物学等等，但是吊诡的是，生命现象的生成、遗传密码的自我复制和遗传，以及生命生成最难的一环，即秩序生成，恰恰是现代科学所无法解释的。化学反应总是趋向于均衡态，热力系统总是趋向于无秩序，而生命则恰恰起源于非均衡态和秩序的生成。秩序是如何从无序或混沌中自发地生成的？如果说自我复制的分子是一切的关键，那么第一个自我复制的分子又是如何生成的呢？这些问题对现代科学来说无疑都是难以下咽的苦药。

更让现代科学难以理解的是，即使能吸收能量的蛋白质、能自我复制的核酸和完整的细胞膜都可以生成，但这些部件是怎样神奇地组装到一起形成生命的呢？把一大堆零部件放在一起，它们决不会自动地组装成电视、汽车或电脑。即使是大量细胞偶然地组装到一起，成为活的有机体，那么这些由原子和分子构成的蛋白质和核酸凑到一起之后，如何能神奇地产生人类的感觉、动物的心理和人的意识、精神和智慧呢？显然以现代科学惯用的分析方法、还原方法和实验方法等，都不可能解释和解决这些问题。只有沿着后现代科学开辟的认识路线，才有可能越来越接近于揭示和解释生命现象的本质，显现生命的本真状态。

为此，后现代科学认为，我们不仅要关注事物的机械运动，更要关注研究事物动态的、有机的、复杂的、能动的生成运动，因为这些客观的事物和现象都有自己的生命、经验和感受，它们并不仅仅是呆滞的质料，而是能动的过程或事件；不是无生命的存在物，而是有生命的存在物；不是不经历时间的无历史的存在，而是经过长期变化和发展的历史性存在物。因此，当我们的科学研究自觉地以动态的和有机的事件作为研究对象时，科学的研究实际上就已经从现代阶段进入后现代阶段了。爱因斯坦提出的相对论已经率先揭开了后现代科学的帷幕，把运动、变化和时-空与物质运动不可分等后现代理念引入了科学。可惜的是，爱因斯坦本人的思维方式仍然停留在牛顿阶段。而真正揭示爱因斯坦相对论的后现代哲学意义的则是怀特海等人。他在《自然的概念》《自然知识原理研究》和《相对性原理》等著作中最先明确地对这些问题进行了深刻的阐述。正是由于怀特海等科学家和哲学家的努力，如今对于自然界中的不同领域，尤其是对宇观高速领域和微观粒子领域里物质运动遵循着不同于宏观低速领域里的运动规律的观点，已经成为科学界和哲学界许多人承认的观点，这表明我们这个世界在总体上并非是严格地遵循决定论原则的世界。相反，复杂性、随机性和不确定性，以及有机性、关系性和过程性，则是世界的较为普遍的特征，而严格的机械运动规律则只有在特定的机械领域里才是有效的。在生物界、人类社会、人类意识和精神领域里，机械运动的规律只能退居幕后。谁要是在今天仍然固执地用机械运动规律来解释生命现象，那他就一定会贻笑大方。

我们只要把自然物看作是有生命的存在，那每一种存在物就都有自身存在的价值，而且在万物相联的无缝自然网络中，人与各种自然物都是浑然一体、相互依存的统一机体，无论历史地看还是现实地看，这种作为有机统一整体的自然界都是养育其中每个个人和每一自然事物的母体。借用中国传统文化概念来说，天是父，地是母，人与万物同体，都是由天地生之和养之的存在物。人与自然之间是须臾不可分离的鱼水关系，而不是如现代科学所主张的那样，人与自然之间是主人与仆人的关系、统治和被统治的关系，或者是人类作为主体来肆意地征服和改造自然客体的关系。我们甚至可以说，大自然并不需要人类的存在和干预，相反，离开大自然，人类根本不可能生存。尽管整个宇宙是无始无终、无边无际的，但是我们人类生活于其中的，能够直接地作为人类生于斯、长于斯的人类家园，迄今看只有这个有限的地球。就地球资源而言，它不仅是有限的，而且作为有机体，其中任何物种或资源的消耗殆尽或灭绝，都会直接或间接地影响人类和其他生物的生存和发展。

就精神现象来说，后现代科学认为，意识、心灵、灵魂等精神性的存在物，虽然似乎只有在人身上才达到了自我意识的高度，并且人由此而产生了高级的智慧，且使人类似乎成为万物之灵长，成为可以“参天地之化育，辅万物之生长”的存在物。但是，意识、心灵、灵魂并不是超自然的存在物，它们就存在于自然的现实存在，即生物进化的高峰——人类身上，而且也许还体现在某些其他高级动物身上，尽管我们目前还没有确切的证据来证明。根据建设性后现代主义之哲学基础的怀特海有机哲学，在形而上学意义上，所有的现实存在都有其物质极和精神极，所谓的意识、心灵和灵魂，归根到底就是体现在人体上的“精神极”而已。它们会随着人体的生成而生成，随着人体机能的丧失而丧失，甚至它们本身就是决定人体机能的决定性因素。用中国传统文化概念来说，人身上有精、气、神三种要素的基本体现，它们都是统摄万物的道的不同体现，道之运行即为气，道的聚集即为精，精的运行即为神。

所以，后现代科学的基本观点认为，人的意识、心灵、精神、意志等是不能脱离人体而独立存在的现实存在。它们既不是依附于人脑或物质的副现象，也不是可有可无的人脑属性和功能，而是决定人之为现实的、具体的、历史的、社会的人的根本性质。现实的人若是脱离了精神属性，那就成为名副其实的行尸走肉：实际上一个人倘若失去灵魂和精神，就只能成为一具尸体。有经验证据表明，一个人死后的重量并不减少，这表明精神根本没有物理学上所说的质量和重量。它无形无体，寓于人身之中，同肉体密切地结合在一起。类似于宗教所说的“道成肉身”，而身体只不过是一具皮囊而已。精神、意识、灵魂、意志虽然不能脱离物质（人体），但决不是可有可无的副现象：没有这些存在，人就不成其为人；动物没有心理活动也不成其动物。所以，王阳明心学才说，“心是身体之主宰”。①

因此，建设性后现代主义者认为，自然界是有灵性的，宇宙是有生命的，因而人对自然界应当存有敬畏感、神圣感。自然界仿佛有自己的目的、意志和能力，它对破坏自然、违背自然规律的行为会有报复和惩罚。所有自然资源在一定意义上都是独一无二的，在地球上都有其特定的地位和作用，“天地位焉，万物育焉”。日月星辰、山川河流、虫鱼鸟兽、花草树木、石头瓦块、桌椅板凳等等，所有这些物质性的存在，以及思想、观念、意识、精神、灵魂等等，所有的这些精神性的存在，都是自然界中的客观存在，从它们作为过程和事件而言，都有一定的实在性和神圣性。而且从阳明心学说，“一念发动处，即便是行了”，“知是行之始，行是知之成”。若把人的心性作如是看，更可领悟“心物不二”的宇宙真相。

---

① （明）王阳明著，张靖杰译注：《传习录》，南京：江苏凤凰文艺出版社 2016 年版，第 14 页。

其次，从研究方法上说，后现代科学认为，我们对自然事物的理解和认识，既要坚持客观主义原则，面向事物本身，努力按照事物的本来面目去认识事物，这是从现代科学方法中我们所要继承和发扬的基本科学精神。同时，我们又要坚持主体性原则，充分发挥我们人类的主观能动性，努力用我们的理性和良知，全力从人的主体性方面去理解客观事物，努力从实践方面去理解（马克思语）客观事物。当我们以不同的工具、手段和观念去认识这些客观事物时，就会得出与现代哲学非常不同的认识结论。因为在现实的认识活动过程中，要完全排除人的主体性和客观事物的能动性，那是根本不可能的。而且，人的精神、意识、心理等现象和过程本身，也可以而且应当作为科学研究的对象，从这个意义上说，精神科学是可能的。弗洛伊德开创的精神分析学说和现代心理学等，都在这方面做出了开创性的研究。而在现代科学家那里，心理学、精神科学一直是他们忽略的研究领域。

这样来看，被现代科学奉为圭臬的观察方法、实验方法、分析方法、还原方法和数学方法等实证方法，都要根据后现代科学的基本预设和要求重新予以理解和阐释，辩证地去理解它们在科学研究中的地位和作用。例如，观察方法和实验方法，只有从人的主体性出发、从实践方面去理解，把人与客观对象之间的关系看作是能动的相互作用关系，才能真正理解所观察到的客观现象，不至于把它们解释为纯粹客观的、与主体无关的现象，由此才能理解事物的不确定性，理解事件的动态性和关联性。同时，只有这样，我们才能真正地理解和认识到，只有在极为有限的事物上和范围内，还原方法才有真正科学的价值和意义，而在实际上，没有任何事物、现象和过程能被真正地还原为原初状态，正如一个人不可能在年老时返老还童，一块燃烧过的煤不可能还原为原初未燃烧时的本来状态一样。只要承认时间的客观实在性，承认过程的不可逆性，还原方法就只能在逻辑和数学意义上有效，对现实事物则是不可能的。而分析方法和数学方法尽管在科学研究中具有非常重要的作用，通过分析和数学计算所得到的结果，也必须通过具体的实验和实践，检验数学推导的结果是否符合实际。因为数学计算的精确结果，是在最理想的状态下才会出现的结果，而在现实事物构成的生活世界中，这种排除干扰的理想状态通常并不存在,这便要求我们考虑到各种偶然因素的影响,以便实际地达到或接近于我们所需要的理想目标。而分析方法最令人尴尬的是,在事物的构成要素中,我们往往并不能找到其整体功能中的某些特征,例如对于构成盐的分子和原子如何分析和验证,都找不到"咸"的特性,用分析方法无论如何不能对盐所具有的咸的特性做出合理的科学解释,只有用与此不同的其他方法,才有可能对之做出合理的说明。

最后,从对宇宙的意义和价值判断上看,在后现代科学看来,无论是自然界中的各个具体事物、现象和过程,还是作为其总体的自然界或整个宇宙,它们都是有其自身的意义和价值的。每一自然事物都有自己的目的和主体性。"种瓜得瓜,种豆得豆",既表达了自然物的基本规律,也表达了自然物的目的性特征。各种动植物的目的性,在科学描述中都有重要的地位。尤其是博物学研究中有大量的观察事实可以作为佐证。而整个宇宙的目的性和意义,从后现代科学视野里看,也是非常明显的,只要抛开狭隘的人类中心主义视野,从万物一体的"道"的层面上看,宇宙的价值和意义是不言而喻的。没有宇宙的整体性功能和协同作用,就不会有宇宙中各个具体事物和现象的生成和演化。这就是宇宙整体功能的最大意义和价值。怀特海有机哲学从形而上学的普遍意义上揭示了宇宙的总体功能即是"神",这个意义上的神对世界上各个具体的现实存在的生成、演化和灭亡具有诱导和相互作用等"协同"作用。这一"过程神学"理论对建设性后现代主义者理解和说明世界、宇宙的意义和作用提供了哲学指导。建设性后现代主义者围绕这些问题所形成的基本立场和观点,构成了建设性后现代主义所提倡的基本精神。

需要强调的是,即使是怀特海的高足和同事伯特兰·罗素,也明确地坚持认为这个世界本身是没有意义的,其意义都是我们人类所赋予的。虽然罗素同怀特海一同撰写了三卷本的《数学原理》,而且他们刻意取了个与牛顿的巨著《自然哲学的数学原理》相同的名称,在哲学道路上他们二人走得却是不同的思想路线。罗素的哲学主张是逻辑原子主义,是现代科学的分析方法的典型的哲学表述。而怀特海的哲学却是有机哲学,主张从有机整体和过程-关系上研究这个物质的宇宙的要素、结构和规律,并且认为数学方法只能以严格精确的符号逻辑来建构对世界的描述，而这种描述是否完全符合世界的本来面目，数学方法本身并不能确定和提供保证。正因为他们两个人对数学方法与现实世界的关系的理解不同，在再版这部数学哲学巨著时，他们二人就分道扬镳了，各自走向了不同的哲学道路。

三、"后现代精神"及其基本特征

这里所谓后现代精神，就是建设性后现代主义者在坚持建设性后现代哲学和后现代科学的基础上，对建设性后现代主义所坚持的一般理念提出的基本要求，意在强调它不同于现代哲学和现代科学中所体现的基本精神。根据格里芬教授在《后现代精神》一书中的说明和柯布等人的相关论述，建设性后现代主义者所坚持的后现代精神主要有如下几个特征：

首先，后现代精神的首要特征是强调包括人在内的所有现实存在的内在关系的实在性。格里芬指出："既然现代精神和现代社会以个人主义为中心，那么，后现代精神以强调内在关系的实在性为特征，也就不足为怪了。依据现代观点，人与他人和他物的关系是外在的、'偶然的'、派生的。与此相反，后现代作家们把这些关系描述为内在的、本质的和构成性的。"[①]这里所说的"后现代作家们"是指建设性后现代主义者，不包括利科、德里达、利奥塔等解构性后现代主义者，因为他们并不承认以怀特海有机哲学为基础的过程-关系实在论。因此，建设性后现代主义者认为，由于世界是一个过程和有机整体，因而世界上万事万物中的物与物、人与人、事件与事件以及人与这些事、物、他人之间的关系是内在的、本质的、构成性的，而不是外在的、偶然的、派生性的。例如，任何具体的个人与他人、社会和自然界的关系，都是内在的、本质的和构成性的关系，因为它们都是在现实存在的生成过程中生成的，并不是预先存在的。若没有这些生成性的、构成性的客观内在关系，任何现实的事物都不会

① 【美】大卫・雷・格里芬编：《后现代精神》，王成兵译，北京：中央编译出版社 1998 年版，第 23 页。

成为现实存在。正如怀特海所说，关系决定本质，而不是相反。“本质决定关系”的观点是自亚里士多德以来西方实体哲学的基本观点，怀特海创立的过程-关系哲学把这一观点完全颠倒过来了。由于现实存在之间的关系是内在的和构成性的，因此尽管表面上看，各种事物都存在于同一个客观世界之中，但每个事物的现实世界并不完全相同。例如，在都市里长大的一个青年人，与他或她在农村长大并生活在那里的祖父在社会本质上是不同的，因为他们的现实关系不一样，因而他们的现实世界和社会本质有所不同。同一个班级的同学，每个人的现实世界也都不一样，因为他们各人的社会关系和社会活动的内容不同。

其次，后现代精神坚持有机论，反对原子论。由于它坚持内在关系论，因而在它看来，不仅人与自然是融为一体的，人与人、人与社会和宇宙整体实际上也是融为一体的，人只能在自然和社会的统一整体或共同体中生存与发展。相互联系的自然共同体和人类共同体是人类存在和发展的基本共同体。因为根据怀特海有机哲学，宇宙就是由一个一个共同体相互内在相关和相嵌而形成的，从基本粒子这一最小的共同体开始，每个层次的共同体之外还有更大的共同体，整个宇宙就是一个无限大的共同体之共同体，表现为一个有机联系的机体。这样，建设性后现代主义便同现代精神的二元对立和实体主义区分开来。现代精神把人与自然、人与社会、事实与价值、物质与意识、身和心等都对立起来，在本质上坚持的是原子论和还原论，这同建设性后现代精神所坚持的有机论是完全不同的。而有机论更符合现实世界的本来面目。由于人在世界上与自然和社会中的万事万物相关，因此，建设性后现代精神“把对人的福祉的特别关注与对生态的考虑融为一体”①。

第三，后现代精神坚持过去、现在和未来之间具有新的关系。现代科学由于否定过去、现在与未来之间有真正的区别，实质上它否定了时间的实在性和现实性，同时也否定了未来的可能性，从而削弱了人们对未来的关注，只教导人们关注当下。而建设性后现代精神则不仅强调人

① 【美】大卫·雷·格里芬编：《后现代精神》，王成兵译，北京：中央编译出版社 1998 年版，第 23 页。

们应当关注现在，因为现在包含着过去，孕育着未来，同时也强调人们要关注过去和未来，因为现在来源于过去，以过去为基点和材料，现在之中包含着过去的所有经验，同时也以未来作为愿景和目的，以此来指引我们走向未来。从生成的视域看，在过去、现在和未来的生成过程中有新颖性在生成，因而具有新的内在关系。格里芬讥讽现代精神仅仅关注于当下的行为是一种“自我拆台式”[①]的愚蠢行为。当然，建设性后现代精神强调人们关注过去并不是要人们回复到前现代的传统主义，它只是恢复了人们对过去的关注和敬意，恢复对传统的尊重，防止历史虚无主义。同时，它强调要以未来作为愿景和指引，这是强调未来会有新的东西在生成，未来不是对过去和现在的简单重复，而是旧事物灭亡和新事物不断生成的过程。这样便可消除尊重传统的行为中有可能出现的保守主义。关注未来、以未来为愿景和目的性指引还有一重积极意义，这就是可促使人们进行建设性的活动，吸纳过去的积极因素，建设性地从事当下的行动。因此，后现代精神既不要求人们回到过去，回到前现代主义——所谓回归传统社会，只是要人们恢复对过去的关注和敬意，从过去学习有价值的经验和教训；也不是要人们坚持保守主义，拒绝接受新事物。对后现代精神来说，最重要的挑战是如何学会更好地把有创造性的新事物同有破坏性的新事物区分开来。

所以，后现代精神包含对未来利益的期许。由于现代性或现代主义不承认过去、现在和未来的区分，不认为未来与现在有内在的联系，认为个人的合理的自我利益只同自己的生命有关，所以他们会问：我们为什么要从事那些可能对我们死后 75 年才会发生的事件有影响的活动呢？对此问题，现代性或现代主义并没有合理的答案。后现代精神则坚持认为，未来必须从现在的土壤中生长出来，现在的贡献中实际上包含着对未来的贡献。现代世界存在的毁灭性核武器有可能让人类断子绝孙。现在的生态危机同样有可能使未来人类无法在地球上生存。电影《流浪地球》是以太阳系毁灭为假设的，这背后无疑存在对现代社会危机的担

① 【美】大卫·雷·格里芬编：《后现代精神》，王成兵译，北京：中央编译出版社 1998 年版，第 23 页。

忧。而根据后现代精神看来，等不到那个时候，现代性的愚蠢行为就可能使地球不再适合人类生存了。仅仅从生态物种灭绝上看，如果其他物种都灭绝了，人类肯定无法继续在地球上生存下去了：因为人的生命需要其他生命来维系。

第四，后现代精神的中心思想是拒斥二元论，拒斥物质至上主义。它认为世界并不是由物质实体和精神实体分别构成的，而是由既有物质属性也有精神属性的统一的现实存在所构成的。怀特海称这种现实存在为 actual entity，或者 actual occasion[①]。怀特海在《自然的概念》《自然知识原理研究》和《科学与现代世界》等书中，一开始曾经称世界是由事件构成的，因为事件既不可能是实体的，也不可能是静止的，而且世界上不会有两个完全相同的事件。在《过程与实在》中，怀特海在建构其形而上学哲学体系时，才有意识地把构成世界的这种最基本的存在称为“现实存在”或“现实发生”，认为在它背后或之外再没有其他更为实在的存在了，世界就是以这种能动的有机体为基础而构成的复杂有机体。现实存在既有其物质极，也有其精神极，因此任何现实存在既有客观实在性，又有感受和经验能力，前者就是所谓现代哲学所说的物质，后者就是现代哲学所说的精神，这便在根本上彻底否定了以笛卡尔为代表的二元论的合法性，也否定了所谓“科学的唯物主义”仅仅坚持物质实体的实在性，否定精神、意识、观念、灵魂的实在性的“物质至上主义”学说。因为在格里芬看来，把物质和精神分别作为两个实体，然后再去讨论二者是如何相互作用的，这是所有唯物主义和唯心主义者都不能真正自圆其说的一个“死结”。为此，他还专门撰写了一部著作——《解开世界之死结——意识、自由及心-身问题》（Unsnarling the World-Know: Consciousness, Freedom, and the Mind-Body Problem），详细地阐述了西方哲学史上这一历来争论不休的“公案”，并提出了建设性后现代主义的解决方案。

第五，后现代精神既拒斥超自然主义，又拒斥无神论。大多数后现

① 周邦宪先生译之为“现实实有”，王治河博士和樊美筠博士译之为“动在”。笔者译之为“现实存在”或“现实发生”。

代主义者坚持一种所谓自然主义的万有在神论（naturalistic panetheism）。这种观点认为，世界在神之中，而神又在世界之中。世界的状况既不来自于神的单方面行为，也不来自于被创造之物的单方面行为，而是来自于神与被创造之物的共同的创造性。

这一基本观点是以怀特海《过程与实在》最后一章所阐述的观点为根据的。在怀特海看来，西方传统基督教所主张的世界是由上帝所创造的，上帝是创造者，世界上的万事万物都是创造物，这种观点是不成立的。但是，世界作为总体或统一体，其整体功能对其中的每一具体的现实存在的生成却有一定的影响和作用，这种整体功能与每一现实存在自身的主体性功能相互影响和作用，从而导致了每一现实存在最后得以生成，并由此最小的共同体构成了其他更大的共同体。实际上，世界上的每一现实事物都是共同体之共同体，整个宇宙就是最大的共同体之共同体。

从这个意义上说，世界的整体功能可称之为“神”或“道”。这种神或道并不是预先存在于世界万事万物之前，而是同世界万事万物同时存在的；它并不在世界之外，而就在世界之中；它并不创造万事万物，而只是同万事万物相互作用，发挥一种诱导或劝导的作用。怀特海说，这个意义上的“神”好像是这个世界的诗人，它以自己的真善美来诱导这个世界。从怀特海的解释来看，他的这一思想很像中国道家对“道”的解释，或者像儒家对“天道”的解释，也像佛家学说对“佛”的解释。但是，它与道家学说所说的“道”似乎又有所不同，因为道家认为“道生一，一生二，二生三，三生万物”，其中的“道”乃是万物之本源。而怀特海所说的“神”则并不是万物的本源，不是在万事万物存在之前就预先存在的东西，而是世界万事万物之生成的诱因或伴侣。

需要强调的是，建设性后现代精神拒斥超自然主义，这毫无疑问是正确的，但是由此而拒斥无神论，从马克思主义观点看则值得商榷。根据怀特海对“神”的性质和作用的解释，应当说怀特海本人是一位无神论者，他确实也曾明确地说，他不承认世界上有创造和支配万物和人类命运的上帝或神的存在。但是，怀特海确定又明确地把世界之整体性力量称为神，并明确地讨论了这个作为世界之总体性力量的神，与世界万物的关系：神在世界之中，或者说世界在神之中，这样理解都是正确的，只要不把二者作为两个实体去理解就可以。但是，格里芬对怀特海的神的解释则有失偏颇，他把怀特海解释为有神论者，同时也相信人的死后的生命，这就与怀特海的思想相去甚远了。对此解释，柯布也曾表示有疑问，不完全赞同格里芬对灵魂不死的哲学解释。

最后，后现代精神坚持所谓“后父权制观点”，主张男女平等、种族平等和社会公平正义原则。在格里芬看来，现代性是父权制文化的极端表现，数千年的西方主流文化可谓是父权制文化：男人统治女人，强者统治弱者，帝国主义思想盛行。进而，人类统治和征服自然界，任意掠夺和糟蹋自然界，滥用自然资源，便是其内在逻辑的必然结果。而建设性后现代精神则强调男女平等、种族平等、民族平等和社会公平正义原则，反对帝国主义和强权政治的逻辑，主张人类社会应实现真正的民主、自由、法治。在对待自然的态度上，建设性后现代精神坚持生态态度，尊重自然、敬畏自然、顺应自然，按自然规律办事，并且明确地批判现代性观念支配下的技术态度，因为这种技术态度只问成功，“无问西东”，即它只在意人类在改造和征服自然事物方面是否可行，操作上是否成功，而不考虑这样改造和征服自然对人类长远利益是否有不利的生态后果。这种“只管眼前利益，不管身后祸福”的极端个人主义观念，已经给自然界带来严重的伤害。对于自 19 世纪初以来在西方世界率先出现的气候变化、环境污染和生态灾难，现代精神里所坚持的这种技术态度难辞其咎。

四、对后现代科学观的批判性反思

一般地说，科学观是指人们对科学的性质、地位和作用以及科学的研究方法、活动准则和发展机制等问题的基本的和总体的看法和观点。由于人们的世界观、哲学预设和观察点不同，对科学的性质、地位和作用等相关问题的基本观点或总的看法也不相同，从而会形成不同的科学观。

现代西方科学哲学的科学观不同于马克思主义科学观。马克思主义经典作家恩格斯在《反杜林论》和《自然辩证法》等著作中对科学的本质、结构功能、运动机制和发展规律等有一系列论述。

根据恩格斯的论述，首先，科学研究者是否能有正确的世界观作为指导思想，这是科学能否正确认识世界的基本前提。只有以唯物辩证法为指导，才能使科学研究摆脱旧的形而上学方法的桎梏，按照客观事物的相互联系和永恒发展的本来面目去把握世界，精确地描绘宇宙、宇宙的发展和人类的发展，以及这种发展在人们头脑中的反映。这是马克思主义科学观的核心观点。

其次，即使是最抽象的纯数学和哲学，归根到底也是人类对客观世界的反映。所谓数学乃是对客观事物的空间关系和数量关系的反映。恩格斯曾明确地指出："数和形的概念不是从其他任何地方，而是从现实世界中得来的。……纯数学是以现实世界的空间形式和数量关系，也就是说，以非常现实的材料为对象的。这种材料以极度抽象的形式出现，这只能在表面上掩盖它起源于外部世界。"[①]而哲学的原理和观点表面上看似乎非常抽象，似乎离现实世界很远，但是就西方近代以来的哲学来看，真正的哲学不过是对自然、社会和人类思维的普遍规律的反映而已。因此，任何科学都不可能是人的思维的自由创造或"随意创造"。科学研究和逻辑推理的原则要以是否符合客观事物的本质和规律为根据，因此，恩格斯强调："原则不是研究的出发点，而是它的最终结果；这些原则不是被应用于自然界和人类历史，而是从它们中抽象出来的；不是自然界和人类去适应原则，而是原则只有在符合自然界和历史的情况下才是正确的。这是对事物的唯一唯物主义的观点，而杜林先生的相反的观点是唯心主义的，它把事物完全头足倒置了，从思想中，从世界形成之前就久远地存在于某个地方的模式、方案或范畴中，来构造现实世界。"[②]

再次，在广义上科学的哲学也具备科学的品格，在本质特征上与科学并无不同。正如并非所有自称为"科学"理论的东西都是科学一样，并非所有的哲学都是科学的哲学。在恩格斯看来，由于继承了黑格尔哲学的辩证法的"合理内核"和费尔巴哈唯物主义哲学的"基本内核"，马克思

---

① 《马克思恩格斯选集》(第 3 卷)，北京：人民出版社 2012 年版，第 413 页。

② 《马克思恩格斯选集》(第 3 卷)，北京：人民出版社 2012 年版，第 410 页。

通过“实践的唯物主义”或唯物史观，在哲学上实现了黑格尔自认为其已经完成而实际上并没有完成的康德提出的“哲学科学化”的任务。黑格尔所说的“哲学科学”只有在马克思主义哲学中才真正成为现实的，这就是马克思创立的唯物史观，它第一次使哲学成为真正的科学的哲学。这种意义的哲学科学，恩格斯在《反杜林论》中称之为“唯物辩证法”，并明确地把“辩证法”界定为“不过是关于自然、人类社会和思维的运动和发展的普遍规律的科学。”[①]正是在这个意义上，哲学科学才对其他具体科学具有世界观和方法论的指导意义。

第四，与客观世界的划分相对应，哲学科学与其他具体科学研究大体上可划分为几个大的部类或领域。哲学与数学这两个学科面向整个客观世界的普遍性，具有普遍的适用性。而其他各门具体科学，我们则可以按照早已知道的方法把整个认识领域分成三大部分。第一个部分包括所有研究非生物界的并且或多或少能用数学方法处理的科学，这些科学可叫做精密科学。第二类科学是研究活的有机体的科学，如生物学等。第三类科学是按历史顺序和现今结果来研究人的生活条件、社会关系、法的形式和国家形式及其由哲学、宗教、艺术等等组成的观念上层建筑的历史科学，这就是人类历史领域的科学，即社会科学。也就是说，恩格斯把哲学和数学以外的全部具体科学研究，按照自然、生命、社会和思维这四大领域而明确地划分为自然科学、生命科学、社会科学和思维科学四个科学门类。

第五，通过批判形而上学的真理观，阐明了马克思主义的科学真理观。针对杜林宣扬的所谓“至上性、绝对可靠性、无条件的真理权”，“最后的、终极的、永恒不变的真理”“适用于一切世界和一切时代的终极真理”等等形而上学真理观的谬论，恩格斯指出了“人的思维……仅仅作为无数亿过去、现在和未来的人的个人思维而存在。”由于“世界体系的每一个思想映像，总是在客观上被历史状况所限制、在主观上被得出该思想映像的人的肉体状况和精神状况所限制”，因此，我们必须正视和承认个人乃至每一代人的认识的局限性和有限性，以及人类适应、征服、改造

---

① 《马克思恩格斯选集》(第 3 卷)，北京：人民出版社 2012 年版，第 520 页。

客观世界的局限性和有限性。从人类认识发展的整个过程来看，“一方面，要毫无遗漏地从所有的联系中去认识世界体系；另一方面，无论是从人们的本性或世界体系的本性来说，这个任务都是永远不能完全解决的。”既然人类的认识与思维是一个永恒的发展过程，那么，科学真理也必然永远处于由相对到绝对、由有限向无限的转化和发展过程中。“谁要以真正的、不变的、最后的、终极的真理的标准来衡量它，那末，他只是证明他自己的无知和荒谬。”①

最后，科学、技术和社会有一体化的发展趋势。20世纪西方科学知识社会学（STS）专家默顿、巴伯、卡普兰等人都明确承认马克思和恩格斯是研究科学、技术和社会相互关系的先驱，他们对未来社会的“科学、技术和社会的成果”早已有预见。

根据马克思主义科学观来批判性地反思和评价建设性后现代科学观，不难发现，建设性后现代科学观在很多方面同马克思主义科学观不谋而合，可谓英雄所见略同。因为建设性后现代主义主要代表人物并不是马克思主义者，至多他们中有些代表人物如克莱和柯布曾自称是“怀特海主义的马克思主义者”，他们对马克思主义科学哲学思想并无深入的系统研究和参照。他们主要是依据怀特海的有机哲学和科学哲学思想而对西方现代科学观进行批判性研究的。即使近年来由于柯布等人对有机马克思主义的探讨而从西方学者视角对马克思主义著作有所涉猎，但总的说来，正如柯布所说，他是一位怀特海主义的马克思主义者，而不是马克思主义的怀特海主义者。也就是说，他们所坚持的基本哲学理念还是怀特海的有机哲学，只是对针对第二国际和前苏联某些人对马克思主义的机械唯物主义解释，他们才着重强调了马克思主义理论所强调的世界的联系、发展和有机特征，并把这种意义上的马克思主义命名为“有机马克思主义”，以区别于其他西方马克思主义对马克思主义的机械性、教条化解释。

但是，从另一方面看，建设性后现代科学观同马克思主义科学观也有许多异曲同工之妙。

---

①《马克思恩格斯选集》（第3卷），北京：人民出版社2012年版，第483页。

首先,建设性后现代科学观对现代科学的批评是以怀特海的有机哲学为指导的,并且深刻地揭示和批判了现代科学所依据的实体哲学和二元论前提。而怀特海的有机哲学是以主张世界的过程性为主要特征的,强调的是现实世界的过程性和关系性,这同马克思主义科学观强调的唯物辩证法的基本哲学取向是内在一致的。

其次,同马克思主义科学观对旧的形而上学方法的批评一样,建设性后现代科学观也明确地批判了现代科学所坚持的孤立的、静止的和片面的分析方法,以及坚持人与自然、主体与客体、事实与价值、物质与精神、特殊和普遍、分析和综合等二元对立的思维方式和研究方法,主张用人与自然相统一、事实与价值相统一、主客体相统一、身与心相统一的思维方式和研究方法,以过程-关系-有机方法来研究我们所面对的动态的、复杂的、生生不息的现实世界。从这个方面看,建设性后现代主义科学哲学思想与马克思主义科学哲学观具有高度的契合性。

再次,建设性后现代科学观认为,后现代科学视域中的科学和哲学、数学等所有的人类认识,都是对我们所生活于其中的这个现实世界的认识,只不过科学的哲学是对现实世界的最普遍原理或特征的反映,如怀特海所说,思辨的哲学乃是人类认识世界的重要方法。而数学则是科学研究的重要辅助手段,它所揭示的规律本身并不等同于现实的物质世界本身的运动规律。所以怀特海曾说,在科学和哲学发展史上,数学曾经发挥了重要作用,但数学却是哲学的坏榜样,它引导有些哲学家脱离现实,走向了以纯粹的数学和逻辑方法来研究现实世界的纯思辨道路,忘掉了客观的现实世界才是所有科学和哲学原理的终极标准。真所谓"差之毫厘,失之千里",一旦脱离现实世界这一终极实在和检验标准,所有形而上学的理论研究就一定会陷入纯粹思辨的境地,不可能达到真正科学的哲学高度。

最后,建设性后现代科学观对现代科学的研究对象、研究方法和社会作用等,从多方面进行了批判性反思,并作了较为系统的理论阐述,特别是它在此基础上所阐述的后现代科学精神,特别值得我们今天思考和借鉴,它们对于我们深入认识和把握科学的性质、地位和作用具有重要启发,尤其是对我们深刻认识现代科学的弊端,发挥后现代科学精神的长处,具有重要的警示意义。为什么我们要超越现代科学和现代精神?因为现实社会需要:环境恶化、气候变化、生态危机,核武器、生化武器的威胁,人工智能和基因编辑技术有可能带来的危害和伦理难题,贫富悬殊、两极分化,种族、民族和国家之间的争端和战争,社会不公、民主和法治不健全等,人类面临的所有这些社会问题、国际问题,这些都需要我们来面对和解决。而解决就需要有思路,就需要想办法。而建设性后现代科学及其提倡的后现代精神,可以为我们提供思想营养和可以借鉴的思路,为我们正在进行的社会主义现代化建设和生态文明建设提供一些极有意义的理论借鉴。

还需要指出的是,建设性后现代科学观中有一种观点是值得我们认真思考的,这就是灵魂是否可以独立存在的问题。建设性后现代思想的重要代表人物格里芬对此予以明确的肯定,这是有待商榷的。根据怀特海的有机哲学,由于精神极和物质极是任何现实存在的两极,那么,逻辑结论中就不应当得出这一结论。柯布就没有坚持这一观点。而如果承认灵魂可以独立存在,一方面这就有可能为有神论大开方便之门,为作为创世者的上帝等精神性存在留下余地,另一方面这一观点同怀特海有机哲学的基本观点是相相悖的,在理论上也不是自洽的或内在融贯的。

跋：从牛顿、爱因斯坦到怀特海：思辨之美

杨富斌

要真正理解怀特海关于自然的概念之思，充分认识其在西方自然哲学发展史上的重要地位和作用，就必须像柯林伍德在《自然的观念》中评价怀特海的自然概念时所说，要“站在山顶上看问题”。怀特海站在其“山顶上”观看和反思的自然界，与站在“平原上”观看和反思的自然界一定有所不同。“横看成岭侧成峰，远近高低各不同。”今天，我们若是站在科学和哲学发展史的“山顶上”来观看和反思怀特海的自然哲学及其重大意蕴，可能会得到不同的观点和感悟。

一、从哥白尼到牛顿是现代科学的第一次伟大综合

从哥白尼提出以“日心说”代替托勒密的“地心说”，再到伽利略在比萨斜塔作试验，以“实验方法”来验证在西方科学界流行了数千年的亚里士多德关于重量大的物体比重量小的物体下落速度快，再到牛顿综合现代自然科学各种假说提出了牛顿运动定律和万有引力定律，建立了完美的经典力学体系，这标志着西方现代自然科学的第一次大综合。这是人类对宏观物体的认识所达到的近乎完美的数学描述。这集中地体现在牛顿撰写的《自然哲学之数学原理》这部伟大的自然科学著作之中。后来，怀特海与罗素合作撰写的开创数理逻辑之先河的伟大著作也刻意把

书名叫做《数学原理》，这似乎颇有深意，令人有无限的遐想。

首先，提出问题比解决问题更重要。爱因斯坦曾经强调过在科学发现上提出问题比解决问题更重要，这是因为只有首先发现既有理论存在着不可克服的内在矛盾，才有可能着手解决这个问题。习近平总书记提出的"以问题为导向"的深刻意蕴也正在于此。

哥白尼为什么能提出"日心说"？从思想观念上看，他正是看到了托勒密的"地心说"内在地存在着矛盾，这就是在这一理论中，只有不断地增加"本轮"和"均轮"，才能说明太阳系内各种行星的运行，而且有些行星的运行轨迹还无法合理地说明。最终他凭直觉和灵感发现，地心说所存在的所有问题，根源就在于"以地球作为不动的中心"来说明人们所观察到的行星运行轨迹。而如果换一种视角，"以太阳为不动的中心"来说明，把太阳当作不动的坐标原点，把地球看作绕着太阳转，那么，人们就可以简单的方式来描述太阳系内各大行星的运行，并且可以用相应的数学表达式来方便地加以描述。

同样，伽利略为什么要在比萨斜塔做那个自由落体实验？其深层原因同样是因为他首先通过思辨方法认识到了亚里士多德运动理论中所存在的矛盾：如果重的物体比轻的物体下落得速度快，那么，把两个大小不同的铁球拴在一起的运动速度会怎么样呢？按照重的物体下落快的原理，这两个铁球拴在一起的重量肯定大于那个大球，因而拴在一起的两个球应当比那个大球单独下落的速度更快；而按照轻的物体下落慢的原理，这个小球的下落速度肯定会慢一些，因而会拖拽两个拴在一起的球体的运动速度，因而总体上这两个拴在一起的球的运动速度会比大球单独下落的速度要慢一些。那么，到底两个球拴在一起下落速度快，还是大球单独下落速度快呢？根据亚里士多德运动理论，对这个问题是不可能有合理答案的。因此，他只好用实验方法来检验自己通过思辨方法所发现的这个矛盾问题。结果，这一比萨斜塔实验方法在不经意间开创了西方现代自然科学的实验方法。但是，这里需要特别注意的是，实际从事这个实验的前提，乃是因为伽利略首先通过思辨方法发现了在西方流行了数千年的亚里士多德运动理论中存在着"问题"。若是没有这种预先的思辨推论及其所发现的问题，那他不可能会去做这个判决性的实验。

其次，牛顿的伟大之处在于他运用思辨方法和数学方法来解决科学观察中的重大问题。他把其自己创立的微积分方法运用于描述宏观物体的运动，以优美的数学方程式来揭示自然界中的宏观物体的运动定律。无论是牛顿运动定律还是万有引力定律，本质上都是关于自然界中宏观物体的运动规律。不管是天上的行星运行，还是地上的"苹果落地"，在牛顿看来，它们所遵循的都是同样的自然定律。由于在牛顿时代西方的"自然哲学"和"自然科学"概念还没有完全清楚地区分开来，因此牛顿依然把自己的代表作称作《自然哲学之数学原理》。然而，作为伟大的科学家，牛顿已经充分地运用了数学方法和形而上的思辨方法。例如，他把天上的行星运行法则与地上的"苹果落地"行为联系起来思考和分析，这种思考方式所得出的结论肯定不是根据实证方法获得的，而是依靠"直觉"和"联想"等思辨方法得到的。遗憾的是，从牛顿时代开始，西方科学家们就已经开始拒斥哲学上的形而上学思维方式，这种倾向集中地反映在牛顿明确地提出的"物理学要当心，形而上学！"口号上。这种推崇实验方法和数学方法，拒斥形而上的思维方法的倾向，一直延续到今天的科学和哲学界，到现当代西方哲学中的逻辑经验主义者那里达到了顶峰，以至把"形而上学命题当做无意义的命题"完全抛弃。根据恩格斯的分析，牛顿这种拒斥形而上学的态度，如果是在"另一种意义上"，即是在反对以孤立的、静止的和片面的观点看待事物的世界观和方法论的意义上来使用，这当然是正确的。黑格尔是这种把形而上学当做与辩证法相对立的世界观和方法论的概念的始作俑者。马克思和恩格斯作为黑格尔的学生也沿用了形而上学的这一含义。但他们并不拒斥亚里士多德所说的"第一哲学"意义上的形而上学。所以，恩格斯说，物理学一定要警惕这种反辩证法意义上的形而上学思维方式，这是正确的。而在第一哲学、或思辨哲学或关于原理和普遍性的思考意义上的形而上学，恩格斯认为这是反不掉的、拒斥不了的，否则，就会否定理论思维。然而，可惜的是，牛顿并非是在这种同辩证法相对立的意义上使用"形而上学"一词，而是反对"思辨形而上学"，反对对基本原理和普遍性进行思辨研究的意义上使用"形而上学"一词的。他所推崇的是实验方法和数学方法，反对在终极的、普遍的和原理研究的意义上使用“形而上学”。因此，牛顿提出的这个口号在西方现代科学界和哲学界产生了极坏的影响。从今天来看，牛顿实际上也使用了他所反对和拒斥的直觉、想象等思辨方法或者叫形而上学方法。即使他所强调使用的微积分方法，如果没有充分的直觉、灵感等思辨方法在其中起作用，他也不可能对这种数学方法获得正确的使用。因为要趋近于无限小的空间，达到所谓理想的点、线、面，倘若没有直觉、想象和思辨，那在物理学研究的实践中是不可能实现的。自然界中哪里存在着这种理想的不占时间和空间的点、线、面？而倘若没有这些不占时间和空间的理想的点、线、面，牛顿用以描述自然物体的数学方程式便不成立。只是可惜，牛顿本人并没有自觉地意识到这一点。从这个角度看，牛顿是伟大的科学家，但并不是伟大的哲学家。怀特海后来在《过程与实在》中明确地提出，数学给哲学做了一个很坏的样板，指的可能就是纯粹数学家在进行数学推理时，把数学抽象推向了极端，忘掉了数学抽象最终来源于客观世界和客观事物，而且数学推论只有最终符合于客观事物的本质和规律，这种数学推理才是正确的，否则，如果抽象地看，数学推理或数学等式是否正确，是无法最终判定的。例如，即使 $2+3=3+2$ 这个等式，也只有在纯粹抽象的数学意义上才是正确的，而若是放在自然界中，“两个事物加上三个事物”与“三个事物加上两个事物”，肯定不会是全等的，因为时间的先后、事物性质的不同、环境的不同，“相加”过程的不同，一定会导致不同的结果。

与牛顿相对而言，爱因斯坦则不仅是伟大的科学家，而且是伟大的哲学家。

二、从牛顿到爱因斯坦是现代科学的第二次伟大综合

爱因斯坦作为相对论的创始人，不仅在现代科学上有重大贡献，把人类对宏观物体的认识推进到了宇观领域，因而他成为自牛顿以后世界公认的人类最伟大的科学家之一。难能可贵的是，他在运用哲学思维对其科学成果进行形而上的思考方面也成为科学家中的典范。称其为伟大的哲学家一点也不过分，尽管他对相对论的一些哲学思辨和概括与怀

特海的有所不同。

众所周知，爱因斯坦的相对论思想首先是通过“思想实验”而获得的灵感。他曾经设想，如果一个人坐在一个无底的电梯井里往下降落，下落速度越来越快，当速度等于引力时，其体重会怎么样？答案肯定是“失重”。这便启发他思考：重力并不是物质实体固有的，也不是固定不变的和绝对的，而是取决于物体运动的速度，因而是相对的。运动也不是绝对的，根本没有绝对的运动，所有物体的运动都是相对的。其质能关系式“$E=mc^2$”揭示了物质的能量等于质量乘以光速的平方。其重大的哲学意义在于，根据爱因斯坦相对论，牛顿经典力学的物质实体观和绝对时空观都成为一定条件下的真理，即只是反映了自然界中宏观物体（其空间尺度为 10^2 m）的存在状态，而高速宇观领域（10^{21} m[10^{15} ly]）和微观高速领域（其空间尺度为 10^{-15} cm）中的物质运动定律，则是它根本不适用的。更不用说现代科学发现，自然界中还存在着渺观层次的客体（其空间尺度为 10^{-34} cm）和胀观层次的客体（其空间尺度为 10^{40} m[10^{24} ly]。渺观层次的客体现在由超弦理论在说明，而胀观层次的物质客体还有待于未来的科学继续研究。

从上述意义上看，爱因斯坦相对论对人类在科学视野上突破牛顿经典力学的局限，进入更为广阔的宇观领域进行研究奠定了基础。尤其是，相对论时空观突破了牛顿经典力学的绝对时空观，从科学上证明了物质运动与时间和空间不可分，以至爱因斯坦相对论提出以后，时间与空间成为不可分离的“时-空”概念，物质的运动同“时-空”成为统一的整体。这使得人类在物质观和时空观上发生了革命性的变革，绝对时空观从此退出历史舞台。并且这同马克思主义哲学经典作家恩格斯所提出的“世界的真正的统一性在于它的物质性”的哲学论断是完全一致的。勿宁说，爱因斯坦相对论从自然科学上证明了恩格斯在 19 世纪提出的辩证唯物主义的世界物质统一性理论。而恩格斯的世界物质统一性理论则天才地超越了牛顿的经典力学的物质观和时空观，从哲学上预言和说明了世界的物质统一性。因此，我们可以说，爱因斯坦相对论的出现是西方自然科学的第二次大综合，它标志了人类历史上一次最伟大的科学革命。

然而，从另一角度看，爱因斯坦相对论也存在两个重大问题。一是它只是关于宇观高速领域中的物质客体运行定律的理论，其遵循的基本思维方式还是经典的牛顿力学的思维方式，即线性的或机械的决定论思维方式。因此，爱因斯坦无论如何直到其逝世时为止也不承认以普朗克为代表所提出的量子力学的基本理论，即不承认物质世界微观领域中的客体的动量和位置测定存在着不确定性，即不承认薛定谔提出的"不确定性原理"的基本哲学预设。爱因斯坦固执地不承认不确定性原理的名言即是："我不相信上帝是在掷骰子。"也就是说，他根本不相信我们所生存于其中的这个物质自然界是遵循非决定论规律的，只相信这个世界遵循着严格的机械的决定论原则。所谓不确定性，在他看来，只是由于我们没有掌握更深层次的、更大范围的自然定律而已，这只是由我们在认识上的不足所导致的。正是由于爱因斯坦等人一直不同意量子力学的哥本哈根解释，普朗克等量子力学家只好无奈地说，他们所提出的新的量子理论只能等待坚持机械决定论的老一辈物理学家们过世之后，才能被新一代的物理学家们自然地接受。科学史上通常把这一观点戏称为"普朗克原理"。实际上，不仅在自然科学领域里存在着这一"普朗克原理"，在人文社会科学领域里同样也存在着普朗克原理，而且其强烈程度尤甚。

二是爱因斯坦相对论所讨论的科学客体仍然是局限于"物质实体"及其运动和时-空问题，而且似乎并没有考虑真正的、实在的时间因素，因而在本质上似乎并没有跳出传统的西方实体思维方式。根据怀特海在《自然知识原理研究》《自然的概念》和《相对性原理研究》等著作中的分析，现代科学中所坚持的物质实体概念，依然是亚里士多德意义上的物质实体，这种实体的基本含义是，它除了自身以外不依赖其他任何事物。相对于属性而言，这种实体是主体或主词，而属性则是这种主体的属性或者只是这种主词的谓词。怀特海根据量子力学的基本理论认为，实际上世界上根本不存在这样的实体。现代科学中所说的任何所谓这样的物质实体，实际上只是一个概念上的抽象。如果把这个抽象当做具体存在物，怀特海批评说这就是犯了"误置具体性之谬误"。用通俗形象的比方来说，就是"错把地图当风景"了。在现实自然界中，每个实体都是由基本粒子构成的，而基本粒子具有波粒二象性，它们究竟是表现为波还是粒子，这取决于它们所处的具体环境及其与这一环境中其他事物的关系。由此决定了，构成我们这个世界或自然界的，根据量子力学，根本不存在这样的孤立实体。构成物质实体的微观粒子，在一定条件下就成为波。波粒二象性是物质实体在微观高速领域中两种不同的存在方式。海森堡提出的"不确定性原理"正是对微观粒子存在状态的科学描述。如果量子理论的基本观点是正确的，那么，怀特海依据这种量子理论提出的"事件学说"便是超越爱因斯坦相对论，在量子理论基础上所提出的新的自然哲学理论概括。

三、从量子学说到怀特海事件学说及其科学和哲学价值

怀特海在其《自然知识原理研究》《自然的概念》和《相对性原理》等自然哲学著作中明确地和反复地论述了他的事件学说，这一理论主要是建立在相对论和量子力学基础之上的。

首先，爱因斯坦相对论的时-空与物质运动不可分的学说，是怀特海事件学说的科学依据之一。怀特海高度赞扬爱因斯坦相对论的这一理论成就，认为是现代物质理论、时-空理论的重大进展。但是，他认为，如果根据量子力学基本理论来看，仅仅局限于就物质实体来分析物质实体本身，难以跳出传统物质实体观的窠臼。只有把构成物质实体的基本要素看作是基本粒子，并且把基本粒子也看作是具有内在复杂结构和动态功能的有机体，并且这种基本粒子还可在一定条件下成为波或场的存在形态，才能真正理解和说明物质客体的运行规律。不管怎样，现代最新科学观尤其是以量子力学为代表的科学观，总是从这种微观世界出发来理解和说明自然界的。宏观自然不过是微观自然的汇集或集合体而已。从微观世界出发可以说明宏观世界和宇观世界中的客体，相反，则不可能。从科学方法论上说，以牛顿经典力学为代表的物理学遵循的是还原论方法，而以量子力学和相对论为代表的物理学遵循的则是整体性方法，或者叫做有机论方法。正因此，怀特海后来干脆把自己创立的不同于传统西方实体的哲学体系叫做"有机哲学"或者"机体哲学"（the philosophy of organism）。

其次，量子力学关于波粒二象性和不确定性的学说，则是怀特海事件学说最为坚实的科学依据。在怀特海看来，所有物质微粒都是一个动态的复杂事件，都是一个不断生成和消亡的过程。即使一个能量子也是一个事件。推而广之，甚至一个宏观物体也是一个事件。例如，剑桥附近的方尖碑也是一个事件。一把椅子、一张桌子也是一个事件。尽管在日常生活中，人们并不把这类实体性事物看做事件，但若以更长的历史尺度来看，若以微观粒子的生成和消亡视角来看，这座方尖碑在某年某月某日建成，然后在风吹日晒之下，在内部各种元素的衰变之下，经历若干岁月，它便不存在了。这个过程完全符合一个事件生成和消亡的特征。由此推而广之，自然界中的每一种存在，包括日常所谓实体性存在，如石头、金刚石、太阳、行星，哪个不是这样一个过程？只不过是生成和消亡的时间历程有长短而已。

从事件学说角度看，物质客体只是事件中的相对稳定的元素而已。而且，一个物质客体之所以是这种物质客体，而不是另一种物质客体，例如，一块冰之所以是一块冰，而不是液体水，乃是因为它处在合适的温度和环境中。一块冰放在太阳上灼热的高温环境中，立刻成为气体存在。因此，在怀特海看来，只有从事件出发，才能说明物质客体，才能认识和把握物质客体，而且物质客体与事件环境的关系决定了整个事件的状态和客体的状态。物质不灭和能量守恒定律只有在一定的环境（事件）中才有意义。从事件出发可以说明不同的客体，而从客体出发可以区分不同的事件。事件是在不断地生成、变化和消亡着，事件之间还可以相互重叠、广延。事件的广延性就是所谓科学上所说的空间，而事件的持续性就是所谓的时间。而客体则是相对稳定、恒定不变的。后来，怀特海在其形而上学理论体系中把这种不变的客体叫做“永恒客体”。这种永恒客体不同于柏拉图的理念客体，它是自然界中客观存在的客体，但其自身却是永恒不变的，变化的是它处于其中的事件。

因此，如果说以牛顿经典力学为代表的经典物理学属于第一次科学革命，以爱因斯坦相对论为代表的相对论物理学和以普朗克为代表的量子物理学属于第二次科学革命，并且它们在某种程度上仍然属于线性科学的话，那么在20世纪70年代诞生的以耗散结构论、协同学、突变论、混沌学、分形理论和超循环理论等为代表的物理学则属于继相对论和量子力学两项重大发现之后的第三次科学革命。这次科学革命使得现代科学由线性科学进入到非线性科学的阶段。从某种意义上说，量子力学也可归入非线性科学范畴。从20世纪80年代中期开始，国际上又兴起了复杂性研究的热潮。美国圣菲研究所（Santa Fe Institute，简称SFI）集中了一大批科学家，通过对社会系统、经济系统、生命系统、免疫系统、生态系统以及人脑系统等复杂系统的研究，运用自组织、混沌概念以及提出涌现（emergence）、复杂适应系统（complex adaptive system）理论来研究复杂性，从而使物理学的科学研究从非线性科学又上升到复杂性科学。所谓复杂性科学（complexity science）是研究复杂性与复杂系统中各组成部分之间相互作用所涌现出复杂行为、特性与规律的科学。圣菲研究所创始人考温（G. Cowan）把复杂性科学誉为“21世纪的科学”。

根据有关专家的归纳，复杂性科学有三个主要特点：一是研究对象是复杂系统；二是研究方法是定性判断与定量计算相结合，微观分析与宏观综合相结合，还原论与整体论相结合，科学推理与哲学思辨相结合；三是研究深度不限于对客观事物的描述，而着重于揭示客观事物构成的原因、演化的历程及其复杂机理，并力图尽可能准确地预测其未来的发展。①

从以上复杂性科学所具有的这三个特点来看，怀特海提出的事件学说以及后来在此基础上所建构的有机哲学体系恰恰可以由这种复杂性科学作为坚实的科学基础。或者反过来说，复杂性科学恰恰证明了怀特海提出的事件学说和有机哲学。因为怀特海自然哲学关注的对象或存体就是复杂的事件，而不是简单的物质实体或粒子。即使他对最简单的构成自然界的客观存在的概括也是“事件粒子”，而不是“原子式的粒子”，即具有不可入性的“单子”。复杂事件实际上就是复杂系统，就是有机体。后来，系统哲学创始人拉兹洛就明确地讲过，他所创立的系统哲

① 李士勇等编著：《非线性科学与复杂性科学》，哈尔滨：哈尔滨工业大学出版社2006年版，第8页。

学把自然界中的任何事物都看作复杂的系统，这一观点的提出就受到了怀特海有机哲学的启发。他所撰写的《自我实现的宇宙》，把宇宙看作是自我生成和实现的思想观点，也受到怀特海有机哲学的启发。进而，怀特海的自然哲学所坚持的也是定性研究与定量研究相结合的研究方法，这突出地表现在《自然知识原理研究》等著作中。其中，既有大量的定性思考和分析，还有一些数学方程式做佐证。只是为了方便不熟悉数学方法的读者，他才在后来的《自然的概念》和《相对性原理》中尽量少使用数学方程式来说明，告诫读者可以略去这一部分不读。而对具有良好数学基础的读者，怀特海则建议他们从数学分析部分开始阅读，这可能更有助于他们理解怀特海的哲学定性分析。怀特海当时面临的困难处境是，那些哲学家们建议他尽量少用或者根本不用数学方程式来表述其思想，而那些数学家们则建议他尽量少用哲学思辨，多用数学推导。然而，怀特海最后的著作则是二者兼顾，且主要是定性分析为主，以数学公式加以辅助说明，这表明他本人采用了哲学思辨的定性分析与数学思辨的定量方法相结合的研究方法和表述方法。这一特征表明，怀特海的自然哲学对还原论和整体论方法是相结合使用的：科学方法中不可能完全排除还原论，但如果在更大范围内坚持整体论方法，在整体论方法指引下采用局部的还原论方法，这可能是怀特海自然哲学研究的方法论特点之一。这里表现了怀特海坚持科学推理与哲学推理相结合的特点。而且在他那里，科学和哲学推理本质上并没有根本的区别，科学推理侧重于对具体事实的分析，而哲学推理则侧重于对这些具体事实中所体现的基本原理的分析。这便决定了怀特海的自然哲学研究并不限于对自然界中的具体事实或客观事物的描述，而且侧重于揭示这些客观事物构成的原因、演化和生成的历程及其内在的复杂机理的分析，并力图预测客观事物的未来发展趋势。从这些方面看，怀特海的自然哲学在总体上同21世纪出现的复杂性科学可谓是不谋而合，殊途同归。其自然哲学的哲学意义和科学价值也可能正在于此。怀特海的自然哲学和有机哲学的科学价值在本书第二章中已有所表述，此处不赘。其哲学意义则在于体现了哲学思维的思辨之美，彰显了怀特海有机哲学对科学思维的无限启迪。

四、启示：思辨之美

从西方现代科学发展史和哲学发展史来看，从哥白尼、伽利略到牛顿，再到爱因斯坦和普朗克等量子科学家，从怀特海自然哲学的分析视角看，他们都体现了定性分析和定量分析相结合、科学推理与哲学思辨相融合的特性，既有坚实的事实根据，又有合乎理性和逻辑的哲学思辨之美，这才使得西方现代科学研究不断地从宏观领域进到宇观领域，又进一步从宇观和宏观领域往小的方向深入到微观领域，往大的方向前进到胀观领域，不断地加深和扩大对客观自然界的科学认识，以及在此基础上对科学定律背后的普遍原理的哲学认识。科学史和哲学史的发展历史一再表明，对事实的科学认识和对原理的哲学反思从来是密切地交织在一起的，很难真正地把这两种认识过程截然地区分开来。伟大的科学家通常也是哲学家，这似乎已是一个不争的事实。凡是具有重大理论创新的原创性哲学家，一般都具有极高的科学素养，他们本身或者就是科学家，或者对科学的发展成果有很深的理解和感悟。例如，马克思就是"从哲学转向科学且兼具哲学家与科学家双重身份"的思想家，而怀特海则是"从科学转向哲学且兼具科学家与哲学家双重身份"的思想家（王南湜语）。这便启发我们，在人类已经进入 21 世纪的当代社会发展阶段上，科学家和哲学家必须建立真正的联盟，必须把对现实世界的事实分析和原理分析结合起来。任何把二者截然分开甚至对立起来的做法和观念，都是违背科学和哲学发展的历史事实的，都是不符合科学和哲学发展的大趋势的。正如王南湜教授在《马克思与怀特海自然观的异同及其意蕴》一文中所说，"怀特海的宇宙论虽然也受到柏格森、摩尔根、亚里山大的自然观的影响，但主要是在相对论和量子力学改变了科学世界图景的条件下建立起来的。与那些只是借助于生物学观念进行的哲学自然观思辨不同，数学家、物理学家出身的怀特海，尽管其思想对生物学观念亦多有借鉴，但其哲学思辨是建立在对以牛顿力学为典范的近代物理学的深刻理解和批判的基础之上的。"他认为，"马克思主义可将怀特海有机哲学关于自然有机整体性作为一种范导性或调节性的理念引入理论中。”①

还有一个值得一提的可喜事实是，中国科学院在2020年9月24日也成立了哲学研究所，并同时召开了科学与哲学前沿问题研讨会。中国科学院院长、国科大名誉校长白春礼院士在致辞中坦言：“中国的科学家有自己的美德和优势，但也存在原创性普遍不足的问题。造成这种局面有多种原因，包括科学传统薄弱，以及科研制度方面的缺陷等，除此之外，我们在创造性思维上的缺乏也有重要的关系。要补上这个短板，哲学的学习和哲学思维的训练非常重要。”他表示：“在中科院成立哲学所，正是为了聚焦于科技发展和科技前沿中的基本哲学问题，以及与哲学紧密相关的科技问题，从哲学角度助力科技创新，为中国科学的跨越式发展，乃至未来的科学革命，寻求更为坚实、更富活力的概念基础。”在他看来，迄今为止的现代化进程表明，产业革命、技术革命从根本上来源于科学革命。要有原创的、别人卡不了脖子的关键技术，需要有独创的、敢为人先的科学思想和科学理论。而“从历史的维度来看，哲学是科学之源。现代科学的前身就是古希腊的自然哲学，之后相当长的时间内，科学家都把自己的工作看作是自然哲学的一部分。牛顿的伟大著作命名为《自然哲学之数学原理》。”“从科学发展的动力来看，哲学往往是革命性科学思想的助产士。科学研究不只是观察、实验和计算，而且还需要一整套概念和思想的支撑。”“从人类的知识系统来说，从人类探索自然真理的过程来说，科学和哲学是紧密联系在一起的。如果把科学知识比作一个圆盘，圆盘边缘是观察实验获得的经验知识，从边缘往里是科学中的理论知识，圆盘中央则是有关自然的基本观点。任何科学理论的内核，都带有某些哲学预设。科学的发展往往会带来哲学观念上的变化，而哲学思想的变革也会为科学的洞见提供广阔的思想空间。……缺乏哲学的科学是盲目的，而缺乏科学的哲学是空洞的。正是科学和哲学的相互激荡，使得人类的思想一次一次突破和超越自我，造就了人类文明的

---

① 王南湜：《马克思与怀特海自然观的异同及其意蕴》，《江西社会科学》2020年第2期，第五部分“马克思与怀特海自然观结合的可能性”。

辉煌。”①

上面大段引用白春礼院士的话意在表明，怀特海以自然哲学的思辨理性对相对论和量子力学所进行的富有真理性的哲学概括，不仅充分地体现了人类的科学理性对自然的发现之美，也充分体现了人类理性的思辨之美。中国科学界对科学与哲学的关系达到如此之高的认识，表明中国科学家已经对理性思辨之美的感悟达到了牛顿、爱因斯坦和怀特海等兼具科学家和哲学家的伟人水准，中国科学创新距离世界领先水平已经为期不远。

① 参见“中科院院长谈中科院成立哲学研究所：哲学是科学之源”，https://www.thepaper.cn/newsDetail_forward_9322665。2020年10月19日9：30浏览。

图书在版编目(CIP)数据

走向怀特海世纪：纪念怀特海《自然知识原理研究》出版一百周年学术论文集/杨富斌，郭海鹏主编. —上海：上海三联书店，2021.6

ISBN 978-7-5426-7433-3

Ⅰ.①走… Ⅱ.①杨…②郭… Ⅲ.①自然哲学-学术会议-文集 Ⅳ.①N02-53

中国版本图书馆 CIP 数据核字(2021)第 091979 号

走向怀特海世纪：纪念怀特海《自然知识原理研究》出版一百周年学术论文集

主　　编 / 杨富斌　郭海鹏

责任编辑 / 郑秀艳

装帧设计 / 一本好书

监　　制 / 姚　军

责任校对 / 王凌霄

出版发行 / 上海三联书店

(200030)中国上海市漕溪北路 331 号 A 座 6 楼

邮购电话 / 021-22895540

印　　刷 / 上海惠敦印务科技有限公司

版　　次 / 2021 年 6 月第 1 版

印　　次 / 2021 年 6 月第 1 次印刷

开　　本 / 640×960　1/16

字　　数 / 180 千字

印　　张 / 13

书　　号 / ISBN 978-7-5426-7433-3/N·21

定　　价 / 50.00 元

敬启读者，如发现本书有印装质量问题，请与印刷厂联系 021-63779028